"十四五"职业教育国家规划教材

高等职业教育系列教材

U0187019

ABB 工业机器人应用技术

主　编　杨金鹏　李勇兵
副主编　文清平　何彩颖　熊　隽　鲁亚莉
参　编　陈　忠　吴　智　谭　令　张　岳　王皑军　雷　丹
主　审　王智全

机械工业出版社

本书以 ABB 工业机器人为研究对象，分认识工业机器人、工业机器人基本操作、工业机器人现场编程和工业机器人日常维护四个模块进行介绍。通过详细的图解实例对 ABB 工业机器人的操作、编程、日常维护与保养等相关的方法与功能进行讲述，让读者了解工业机器人，并且能够掌握独立完成操作、编程、维护保养作业相关的具体操作方法。

本书适合作为从事 ABB 工业机器人应用的操作、编程与调试维护人员，特别是刚接触 ABB 工业机器人的工程技术人员，以及普通高校和高职院校自动化类专业学生的教材。

本书配有视频、微课、课件、习题等数字资源，需要的教师可登录机械工业出版社教育服务网（www.cmpedu.com）免费注册后下载，或联系编辑索取（QQ：1239258369，电话：010-88379739）。

图书在版编目（CIP）数据

ABB 工业机器人应用技术/杨金鹏，李勇兵主编 . —北京:机械工业出版社,2020.6(2025.1 重印)
高等职业教育系列教材
ISBN 978-7-111-64911-3

Ⅰ . ①A… Ⅱ . ①杨… ②李… Ⅲ . ①工业机器人-高等职业教育-教材 Ⅳ . ①TP242.2

中国版本图书馆 CIP 数据核字（2020）第 035456 号

机械工业出版社(北京市百万庄大街 22 号 邮政编码 100037)
策划编辑：曹帅鹏 责任编辑：曹帅鹏
责任校对：张艳霞 责任印制：郜 敏

河北京平诚乾印刷有限公司印刷

2025 年 1 月第 1 版·第 11 次印刷
184mm×260mm·14.5 印张·353 千字
标准书号：ISBN 978-7-111-64911-3
定价：45.00 元

电话服务	网络服务
客服电话：010-88361066	机 工 官 网：www.cmpbook.com
010-88379833	机 工 官 博：weibo.com/cmp1952
010-68326294	金 书 网：www.golden-book.com
封底无防伪标均为盗版	机工教育服务网：www.cmpedu.com

关于"十四五"职业教育
国家规划教材的出版说明

为贯彻落实《中共中央关于认真学习宣传贯彻党的二十大精神的决定》《习近平新时代中国特色社会主义思想进课程教材指南》《职业院校教材管理办法》等文件精神，机械工业出版社与教材编写团队一道，认真执行思政内容进教材、进课堂、进头脑要求，尊重教育规律，遵循学科特点，对教材内容进行了更新，着力落实以下要求：

1. 提升教材铸魂育人功能，培育、践行社会主义核心价值观，教育引导学生树立共产主义远大理想和中国特色社会主义共同理想，坚定"四个自信"，厚植爱国主义情怀，把爱国情、强国志、报国行自觉融入建设社会主义现代化强国、实现中华民族伟大复兴的奋斗之中。同时，弘扬中华优秀传统文化，深入开展宪法法治教育。

2. 注重科学思维方法训练和科学伦理教育，培养学生探索未知、追求真理、勇攀科学高峰的责任感和使命感；强化学生工程伦理教育，培养学生精益求精的大国工匠精神，激发学生科技报国的家国情怀和使命担当。加快构建中国特色哲学社会科学学科体系、学术体系、话语体系。帮助学生了解相关专业和行业领域的国家战略、法律法规和相关政策，引导学生深入社会实践、关注现实问题，培育学生经世济民、诚信服务、德法兼修的职业素养。

3. 教育引导学生深刻理解并自觉实践各行业的职业精神、职业规范，增强职业责任感，培养遵纪守法、爱岗敬业、无私奉献、诚实守信、公道办事、开拓创新的职业品格和行为习惯。

在此基础上，及时更新教材知识内容，体现产业发展的新技术、新工艺、新规范、新标准。加强教材数字化建设，丰富配套资源，形成可听、可视、可练、可互动的融媒体教材。

教材建设需要各方的共同努力，也欢迎相关教材使用院校的师生及时反馈意见和建议，我们将认真组织力量进行研究，在后续重印及再版时吸纳改进，不断推动高质量教材出版。

机械工业出版社

前　　言

工业机器人是自动化生产线、智能制造车间，数字化工厂以及智能工厂的重要基础装备之一。高端制造需要工业机器人，产业转型升级也离不开工业机器人。党的二十大报告指出"推进新型工业化，加快建设制造强国"。国家先后出台《"十四五"智能制造发展规划》《"十四五"机器人产业发展规划》等一系列相关规划，将机器人产业作为战略性新兴产业给予重点支持。

工业机器人技术应用人才在我国缺口达到 20 万人，并且还在以每年 20% ~ 30% 的速度持续递增。面对工业对工业机器人人才的需求，切实需要实用、有效的教学资源培养出能适应生产、建设、管理和服务第一线需要的高素质技术技能人才。为满足紧缺人才培养要求，四川信息职业技术学院以产教融合、校企合作为改革方向，以提升服务国家发展和改革民生的各项能力为根本要求，全面推动职业教育随着经济增长方式的转变而转变，使职业教育跟着产业结构调整升级，围绕企业人才需要，培养适应社会和市场需求的人才。

由于工业机器人技术复杂、种类繁多，现在工业机器人的"使用难、维修难"问题已经成为影响工业机器人有效利用的首要问题，为了解决这个问题编写了本书。本书符合高职教育规律，操作性强。

本书是机械工业出版社组织出版的"高等职业教育系列教材"之一，由宝鸡机床集团有限公司、北京华航唯实机器人科技股份有限公司以及四川长虹智能制造技术有限公司等企业的技术专家及职业院校工业机器人技术专业领域资深一线教师共同编写而成的。本书在编写过程中坚持课程改革新理念，具有以下特色：

（1）采用模块编写模式，凸显应用性和实践性。

本书按照工业机器人的应用特点，从机器人的实际结构出发，以工业机器人应用模块为主线编写，突出应用性特别；以技能操作培养为主线编写，突出实践性特点。

（2）企业专家把关，确保技术的先进性和权威性。

宝鸡机床集团有限公司、北京华航唯实机器人科技股份有限公司以及四川长虹智能制造技术有限公司的工程技术人员参与编写，书中涉及的主要技术资料均来自企业，书中任务案例也来自企业真实案例。

（3）体现让学生学有所思、学有所得、学有所乐、学有所用的创新教学资源。

本书由杨金鹏、李勇兵担任主编，由文清平、何彩颖、熊隽、鲁亚莉担任副主编，由王智全担任主审；全书由杨金鹏统稿。编写分工为：模块一由北京华航唯实机器人科技股份有限公司谭令和四川信息职业技术学院李勇兵共同编写；模块二、模块三由宝鸡机床集团有限公司鲁亚莉、四川长虹智能制造技术有限公司张岳、泸州职业技术学院熊隽和四川信息职业技术学院杨金鹏、文清平、何彩颖等共同编写；模块四由宝鸡机床集团有限公司鲁亚莉、成都航空职业技术学院王皑军、四川省犍为职业高级中学陈忠和四川信息职业技术学院杨金鹏、吴智、雷丹等共同编写。

本书在编写过程中参考了企业的大量文献资料，在此向文献资料的作者致以诚挚的谢意。由于受编写时间及编者水平所限，书中难免有疏漏和不妥之处，恳请广大读者批评指正。

编　者

二维码清单

目　　录

模块一　认识工业机器人

模块二　工业机器人基本操作

模块三　工业机器人现场编程

模块四　工业机器人日常维护

模块一 认识工业机器人

[知识目标]：(1) 了解机器人由来。
　　　　　　(2) 掌握机器人分类。
　　　　　　(3) 掌握机器人结构及技术指标。
[能力目标]：(1) 能正确描述机器人发展。
　　　　　　(2) 能正确选择机器人。
　　　　　　(3) 能正确认识机器人各个部件。
[职业素养]：(1) 培养学生高度的责任心和耐心。
　　　　　　(2) 培养学生动手、观察、分析问题、解决问题的能力。
　　　　　　(3) 培养学生查阅资料和自学的能力。
　　　　　　(4) 培养学生与他人沟通的能力，塑造自我形象、推销自我。
　　　　　　(5) 培养学生的团队合作意识及企业员工意识。

第 1 章　工业机器人概述

1.1　机器人的由来

工业机器人概述

　　机器人是众所周知的一种高新技术产品，然而，"机器人"一词最早并不是一个技术名词，而且至今尚未形成一个统一的、严格而准确的定义。"机器人"最早出现在 20 世纪 20 年代初期捷克的一个科幻内容的话剧中，剧中虚构了一种被称为 Robota（捷克文，意为苦力、劳役）的人形机器，可以听从主人的命令任劳任怨地从事各种劳动。实际上，真正能够代替人类进行生产劳动的机器人，是在 20 世纪 60 年代才问世的。伴随着机械工程、电气工程、控制技术以及信息技术等相关科技的不断发展，到 20 世纪 80 年代，在汽车制造业、电机制造业等工业生产中开始大量采用机器人。现在，机器人不仅在工业，而且在农业、商业、医疗、旅游、空间、海洋以及国防等诸多领域获得越来越广泛的应用。

　　经过几十年的发展，机器人技术已经形成了综合性的学科——机器人学（Robotics）。机器人学有着极其广泛的研究和应用领域，主要包括机器人本体结构系统、机械手设计、轨迹设计和规划、运动学和动力学分析、机器视觉、机器人传感器、机器人控制系统以及机器智能等。

1.2　机器人的不同定义

1.2.1　机器人的定义

　　尽管机器人已经得到越来越广泛的应用，机器人技术的发展也日趋深入、完善，然而"机器人"尚没有一个统一的、严格而准确的定义。一方面，在技术发展过程中，不同的国家、不同的学者给出的定义不尽相同，虽然基本原则一致，但欧美国家的定义限定多一些，日本等国家给出的定义则较宽松；另一方面，随着时代的进步、技术的发展，机器人的内涵仍在不断发展变化。国际标准化组织（ISO）定义的机器人特征如下：

　　仿生特征：动作机构具有类似于人或其他生物体某些器官（肢体、感官等）的功能；

　　柔性特征：机器人作业具有广泛的适应性，适于多种工作，作业程序灵活易变；

　　智能特征：机器人具有一定程度的人类智能，如记忆、感知、推理、决策、学习等；

　　自动特征：完整的机器人系统，能够独立、自动地完成作业任务，不依赖于人的干预。

1.2.2　工业机器人的定义

　　工业机器人是面向工业领域的多关节机械手或多自由度的机器人。工业机器人是自动执行工作任务的机器装置，是靠自身动力和控制能力来实现各种功能的一种机器。

　　智能化是工业机器人重要的发展方向，到目前为止，在世界范围内还没有一个统一的智能机器人的定义。大多数专家认为智能机器人至少要具备以下三个要素：一是感觉要素，用来认识周围环境状态；二是运动要素，对外界做出反应性动作；三是思考要素，根据感觉要素所得到的信息，思考出采用什么样的动作。

1.3　工业机器人发展史

1.3.1　国外工业机器人发展史

1. 美国工业机器人的发展

　　1960年，美国联合控制公司买下美国机器人发明者乔治·德沃尔（George Devol）的专利，成立优尼梅生（Unimation）公司，生产出了第一批工业用途的机器人，称为优尼曼特（Unimate）。而"工业机器人"（Industrial Robot）一词由美国《金属市场报》于当年提出。在20世纪70年代中期以前，美国是工业机器人最大的生产、出口和技术转让国。此后，由于政府减少了研究开发方面的资助，一些具有重大突破性的机器人技术则由美国公司以与国外公司合作或引进相关技术而得到。因此，美国市场中国产机器人的比例一再下降，Unimation公司更是在1988年被瑞士的史陶比尔（Staubli）集团收购。

　　从1986年开始，美国的工业机器人产量的增长率开始下降，当时最大的机器人制造公司GMF闲置了三分之一的劳动力。但同时，美国的Adept公司和CA公司的机器人产量却逐年上升。原因是这两家公司针对美国家电和电子行业的需求，发挥自身专长，生产出带有视觉功能的装配机器人，利用下一代技术迎合了用户的新需求，占领了美国60%的机器人市场。因此，与其说当时机器人市场饱和，不如说当时主流机器人产品的性能满足不了客户的实际需要。20 世纪 80 年代很多美国公司和研究机构都认为，在自动化生产中是否使用机器人，应根据自身的实际需要，不能盲目追求高新技术。实际上，要主动贴近市场需求并开发出适合的产品是不容易的。

机器人技术和产品最先在美国出现并非偶然，它是美国社会技术和经济发展的必然结果，也是在社会需求的刺激下经历了相当长的储备时间之后才实现的。但是由于美国过分强调基础研究，没有重视将机器人技术与本国的经济发展和社会需求相结合，因此后续也就没有能够形成更具市场竞争力的工业机器人产业。

2. 法国工业机器人的发展

法国曾是欧洲的机器人强国。虽然法国在 20 世纪 70 年代末才大规模开展机器人技术的研发，比美国和日本晚了很多，但随后其发展却非常迅速。根据国际机器人联合会（IFR）公布的数字，法国的机器人总数在 1986 年时已处于世界第 4 位，欧洲第 2 位。当时法国大概有 50 家机器人制造公司和 23 个机器人研究中心。法国机器人的应用水平和应用范围也达到了世界先进水平，个别应用场合甚至超过了日本。汽车产业是法国工业机器人最大的用户，大约占法国机器人用户总数的 40.9%。在法国汽车产业的机器人中，77.6% 是国产机器人。这主要是由于汽车集团内部自研自用所导致的，同时投资的良性循环也引发了机器人的大量安装。

法国机器人的研制和开发能够在起步较晚的情况下奋起直追，除了其原有较强的工业基础之外，主要还有以下几方面的原因：一是法国政府大力支持研发计划，建立了完整的科学技术体系。法国很重视通过附属于政府机构的机器人实验室来开展研究工作。当时政府每年投资 1 亿多美元用于机器人的研制；二是法国注重基础研究和专业人员的培训。几乎所有的大学都设有机器人学系，使之成为像计算机科学那样普及的一门课程。法国政府在 1983~1985 年的三年中，曾投资 3.5 亿美元用于机器人的研究开发和专家培训；三是法国注重国际合作与技术交流。法国在机器人的研发上走联合之路，即注重国际间，特别是欧洲国家之间的合作与交流。原法国总统密特朗提议的"尤里卡"计划的合作项目中，涉及机器人的有 9 项之多；四是法国注重计划性。法国制定的机器人研发计划，虽然也和许多国家一样是以政府为核心来协调各部门、组织和企业等机构，但非常重视对不同的研究领域和需求，制定不同的、有针对性的计划。

3. 德国工业机器人的发展

比起 1967 年日本从美国就已进口第一台工业机器人，德国起步较晚，同时面临重重困难。1970 年，在联邦德国开始涉足机器人领域时遇到了经济环境不景气的压力，研发经费不足，设备投资逐渐下降。但政府认识到他们在技术积累上的优势，应该实行以技术促进经济发展的政策。当时，联邦德国的一位技术研究部部长认为："世界上一切发达国家都在利用技术手段改进经济状况。国家间的差距关键在于是否开展被工业利用的技术革新。通过研发活动增强国际竞争力能很好地改善联邦德国的整个经济状况。"后来，联邦德国的实践与成就证实了他的预言。

1972 年联邦德国还没有一家制造机器人的工厂。但在以技术竞争作为国家发展战略的大环境影响下，到 1978 年时联邦德国已出现了 42 家制造机器人的公司。联邦德国政府更是将机器人技术列为 20 世纪 80 年代首要的攻关项目，并制定了专门的研发计划。根据国际机器人联合会的信息，截至 1986 年，联邦德国使用机器人的总台数已超过了 1 万台大关，总数量占欧洲第 1 位，世界第 3 位，仅次于美国和日本。短短 15 年间，联邦德国就成为世界上屈指可数的工业机器人大国。现今，德国库卡（KUKA）机器人更是成为国际工业机器人领域的"四大巨头"之一。

4．日本工业机器人的发展

日本在 1968 年由川崎重工业公司从美国优尼梅生（Unimation）公司引进了机器人和机器人技术，建立起生产车间，并于当年试制出第一台川崎的优尼曼特（Unimate）机器人。日本对机器人的研发与大量应用，源于 20 世纪 70 年代汽车产业对生产质量、成本、产能和人工的需求，各大汽车厂商纷纷引入机器人进行规模化、集群化生产，之后日本便实现了工业机器人"全天守候"和夜间"无人工厂"。除了日本汽车产业长期的高度竞争以外，在当时的社会背景下，经济的需求更加刺激了工业机器人的成熟和发展。1973 年 10 月爆发的第一次石油危机迫使日本降低其经济增长速度，这使得劳动力市场的紧张程度大大缓解。但是，较高的石油价格和其他自然资源涨价导致商品价格大幅度增长，劳动力成本随之提高。另外，工厂设备的生产能力也受到工作形态转变的影响。当收入条件转好时，日本工人对夜班的工作意愿很低。工业机器人的出现则适时地达到了节约生产成本和提高生产力的双重效果。

日本政府注意到要想抑制这种成本推动型通货膨胀，就需要提高劳动生产率。为此，日本政府非常重视机器人的产业化、商品化，积极鼓励私人企业向自动化领域投资，并在政策、奖金、税收等方面给予扶持。经过不断地努力，日本于 1980 年就取得了显著成效。工业机器人的产值达 700 亿日元，比上一年增长了 185%。于是 1980 年被产业界人士称为"工业机器人普及元年"，以示纪念。实际上，在日本机器人产业的长期发展中，政府直接牵头和参与的程度较小，更多的是依靠日本机器人厂商背后关联产业的支持（主要包括电子电机类、机械类、运输类和钢铁类四种产业），以及机器人厂商根据自身特点采取不同的垂直整合策略。日本机器人产业背后，是各个重要上游产业的支撑。而其他国家没有像日本这样具有完整的机器人产业集群。在这个产业集群中，机器人制造企业和上游供应商、下游应用客户之间联系紧密，在很多时候，他们的关系是一体多面的，彼此的密切配合加速了该产业的创新。

日本企业最开始研究机器人，是为了解决自 20 世纪 60 年代起出现的人工严重不足的问题。之后机器人能够在日本顺利发展得益于终身雇佣制度保障前提下的工会支持，大量工程师出身的管理层较少受到短期盈利压力的影响，可以长期决策。企业重视长期改善机器人的质量，以及自动化生产、工作流程修改和产品质量提升等新生产形态的要求。

日本在 1987 年就成为全球最大的工业机器人生产国和出口国，大约有 300 家日本企业生产出 3000 亿日元的工业机器人，在产品的深度和广度上已站在世界前列。世界四大工业机器人巨头日本占其二，分别是发那科（FANUC）和安川电机（YASKAWA）。到目前为止，日本累计生产的工业机器人总数占世界工业机器人总数的 40% 左右。

1.3.2　我国工业机器人发展史

古代的中国就可以找到机器人的影子，如三国时期的"木流牛马"、周朝的"歌舞艺人"等。直到 20 世纪 70 年代，现代机器人的研究才在中国起步，并于"七五"期间实施了"863"计划。

短短的三十多年,中国的机器人技术在世界上已占有一席之地。在制造业中陆续出现了喷涂、搬运、装配等机器人。但受市场、资金等因素的制约,与发达国家相比还存在很大差距。今后,走产业化道路是推动中国工业机器人发展的动力。

在特种机器人方面,自第一台水下机器人研制成功后,"瑞康一号""探索者一号"相继诞生。特别是"CR-01"6000米水下机器人,能在深水中录像,进行海底地势勘察和水文测量,自动记录各种数据等,曾两次在太平洋圆满完成了各项海底调查任务,为中国进入水下机器人的先进行列立下了功劳。另外,核工业中还研制成功了壁面爬行、遥控检查和排险机器人。

中国机器人技术正朝着微型机器人和智能机器人发展。最近,2毫米微电机研制成功和第一台"导游小姐"服务机器人的诞生,有利地推动了中国机器人的发展与应用。

1.4 工业机器人发展趋势

随着我国经济高速发展,导致人力资源成本也不断上升,数据显示我国城镇企业工人的平均工资比十年前飙升了四五倍,如此高的劳动力成本让不少企业都开始向智能制造化转型发展,这直接促使着工业机器人行业的进步。未来,工业机器人代替普通工人完成流水线操作已经成为大势所趋,而这也是中国未来发展制造业的重大战略之一。

实战训练

1. 描述工业机器人的由来。
2. 描述国内工业机器人发展状况。

第 2 章　工业机器人分类

　　经过几十年的发展，机器人的技术水平不断提高，应用范围也越来越广，从早期的焊接、装配等工业应用，逐步向军事、空间、水下、农业、建筑、服务和娱乐等领域不断扩展，结构形式也多种多样。因此，机器人的分类也出现了多种方法、多种标准，本章主要介绍按照机器人的技术发展水平、机构特征和用途分类这三种分类法。

2.1　按照机器人的技术发展水平分类

　　按照机器人的技术发展水平可以将机器人分为三代，即第一代机器人、第二代机器人和第三代机器人。

2.1.1　第一代机器人

　　第一代机器人是"示教再现"型。这类机器人能够按照人类预先示教的轨迹、行为、顺序和速度重复作业。示教可以由操作人员"手把手"地进行，比如，操作人员抓住机器人上的喷枪，沿喷漆路线示范一遍，机器人记住了这一连串运动，工作时，自动重复这些运动，从而完成给定位置的喷漆工作。这种方式即是所谓的"直接示教"。但是，比较普遍的方式是通过控制面板示教。操作人员利用控制面板上的开关或键盘来控制机器人一步一步地运动，机器人自动记录下每一步，然后重复这些运动。目前在工业现场应用的机器人大多属于第一代机器人。

2.1.2　第二代机器人

　　第二代机器人具有环境感知装置，能在一定程度上适应环境的变化。以焊接机器人为例，机器人焊接的过程一般是通过示教方式给出机器人的运动曲线，机器人携带焊枪重复走这个曲线，进行焊接。这就要求工件的一致性要很好，也就是说工件被焊接的位置必须十分准确。否则，机器人走的曲线和工件上的实际焊缝位置会有偏差。为了解决这个问题，第二代机器人采用了焊缝跟踪技术，通过传感器感知焊缝的位置，再通过反馈控制，机器人就能够自动跟踪焊缝，从而对示教的位置进行修正，即使实际焊缝相对于原始设定的位置有变化，机器人仍然可以很好地完成焊接工作。类似的技术正越来越多地应用在机器人上。

2.1.3　第三代机器人

　　第三代机器人称为"智能机器人"，具有发现问题并且自主地解决问题的能力。作为发展目标，这类机器人具有多种传感器，不仅可以感知自身的状态，比如所处的位置、自身的故障情况等，而且能够感知外部环境的状态，比如自动发现路况、测出协作机器的相对位置、相互作用的力等。更为重要的是，这类机器人能够根据获得的信息，进行逻辑推理、判断决策，在变化的内部状态与变化的外部环境中，自主决定自身的行为。这类机器人具有高度的适应性和自治能力。尽管经过多年来的不懈研究，人们研制了很多各具特点的试验装置，提出了大量新思想、新方法，但现有机器人的自适应技术还是十分有限的。

2.2 按照机器人的机构特征分类

机器人的机械配置形式多种多样，典型机器人的机构特征是用其坐标特性来描述的。按机构特征分，机器人通常可分为直角坐标机器人、柱面坐标机器人、球面坐标机器人和多关节型机器人四种类型。

2.2.1 直角坐标机器人

直角坐标机器人具有空间上相互垂直的两根或三根直线移动轴（见图2-1），通过直角坐标方向的3个独立自由度确定其手部的空间位置，其动作空间为一长方体。直角坐标机器人结构简单，定位精度高，空间轨迹易于求解；但其动作范围相对较小，设备的空间因数较低，实现相同的动作空间要求时，机体本身的体积较大。直角坐标机器人主要用于印制电路基板的元件插入、紧固螺钉等作业。

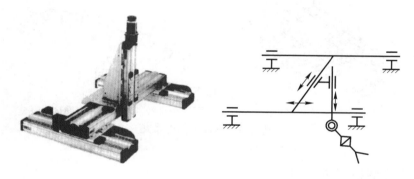

图2-1 直角坐标机器人

2.2.2 柱面坐标机器人

柱面坐标机器人的空间位置机构主要由旋转基座、垂直移动轴和水平移动轴构成（见图2-2），具有一个回转和两个平移自由度，其动作空间呈圆柱形。这种机器人结构简单、刚性好，缺点是在机器人的动作范围内，必须有沿轴线前后方向的移动空间，空间利用率较低。柱面坐标机器人主要用于重物的装卸、搬运等作业。著名的Versatran机器人就是一种典型的柱面坐标机器人。

2.2.3 球面坐标机器人

如图2-3所示，球面坐标机器人的空间位置分别由旋转、摆动和平移3个自由度确定，动作空间形成球面的一部分。其机械手能够做前后伸缩移动、在垂直平面上摆动以及绕底座在水平面上转动的动作。著名的Unimate机器人就是这种类型的机器人。球面坐标机器人的

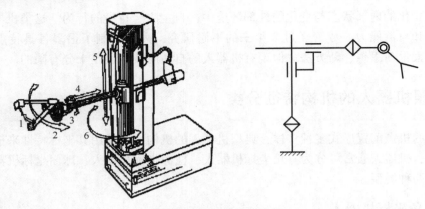

图 2-2　柱面坐标机器人

特点是结构紧凑，所占空间体积小于直角坐标机器人和柱面坐标机器人，但大于多关节型机器人。

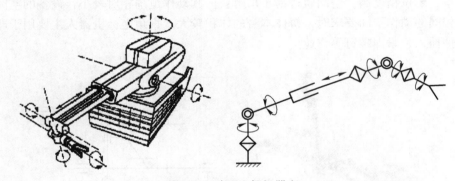

图 2-3　球面坐标机器人

2.2.4　多关节型机器人

多关节型机器人由多个旋转和摆动机构组合而成。这类机器人结构紧凑、工作空间大、动作最接近人的动作，对喷漆、装配、焊接等多种作业都有良好的适应性，应用范围越来越广。不少著名的机器人都采用了这种型式。其摆动方向主要有垂直方向和水平方向两种，因此这类机器人又可分为垂直多关节机器人和水平多关节机器人。如美国 Unimation 公司 20 世纪 70 年代末推出的机器人 PUMA（见图 2-4）就是一种垂直多关节机器人，而日本山梨大学研制的机器人 SCARA（见图 2-5）则是一种典型的水平多关节机器人。

垂直多关节机器人模拟了人类的手臂功能，由垂直于地面的腰部旋转轴（相当于大臂旋转的肩部旋转轴）、带动小臂旋转的肘部旋转轴以及小臂前端的手腕等构成。手腕的空间位置通常由 2~3 个自由度确定，其动作空间近似一个球体，所以也称多关节球面机器人。垂直多关节机器人的优点是可以自由地实现三维空间的各种姿势，可以生成各种复杂形状的轨迹。相对于机器人的安装面积，其动作范围很宽。垂直多关节机器人的缺点是结构刚度较低，动作的绝对位置精度也较低。它广泛用于代替人完成装配、货物搬运、电弧焊接、喷涂、点焊接等作业。

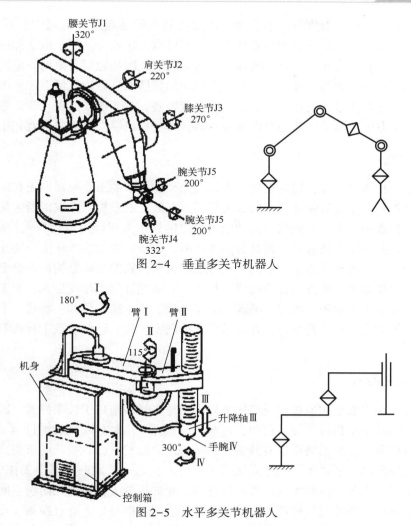

图 2-4　垂直多关节机器人

腰关节J1
320°

肩关节J2
220°

膝关节J3
270°

腕关节J5
200°

腕关节J5
200°

腕关节J4
332°

180°
I

臂 I　臂 II

II

115°

机身

III

升降轴III

手腕IV

300°

IV

控制箱

图 2-5　水平多关节机器人

水平多关节机器人在结构上具有串联配置的两个能够在水平面内旋转的手臂，其自由度可以根据用途选择 2~4 个，动作空间为一圆柱体。水平多关节机器人的优点是在垂直方向上的刚性好，能方便地实现二维平面上的动作，在装配作业中得到普遍应用。

2.3　按照机器人的用途分类

因为机器人首先在制造业中被大规模应用，所以机器人曾被简单地分为两类，即用于汽车等制造业的机器人称为工业机器人，其他的机器人称为特种机器人。随着机器人应用的日益广泛，这种分类显得过于粗糙。现在除工业领域之外，机器人技术已经广泛地应用于农业、建筑、医疗、服务、娱乐以及空间和水下探索等多个领域。

2.3.1　工业机器人

工业机器人依据具体应用的不同，通常又可以分成焊接机器人、装配机器人、喷漆机器人、码垛机器人和搬运机器人等多种类型。焊接机器人包括点焊（电阻焊）机器人和电弧焊机器人两种，用途是完成自动的焊接作业；装配机器人比较多地用于电子部件的装配；喷漆机器人代替人进行喷漆作业；码垛机器人和搬运机器人的功能则是根据一定的速度和精度要求，将物品从一处运到另一处。在工业生产中应用机器人，可以方便迅速地改变作业内容或方式，以满足生产要求的变化。比如，改变焊缝轨迹，改变喷漆位置，变更装配部件或位置等。随着对工业生产线柔性化的要求越来越高，对各种机器人的需求也就越来越强烈。

2.3.2　农业机器人

随着机器人技术的进步，以定型物、无机物为作业对象的工业机器人正在向更高层次的以动、植物之类复杂作业对象为目标的农业机器人发展，农业机器人或机器人化的农业机械的应用范围正在逐步扩大。农业机器人的应用不仅能够大大减轻以致代替人们的生产劳动、解决劳动力不足的问题，而且可以提高劳动生产率，改善农业的生产环境，防止农药、化肥等对人体的伤害，提高作业质量。但由于农业机器人所面临的是非结构、不确定、不宜预估的复杂环境和工作对象，所以与工业机器人相比，其研究开发的难度更大。农业机器人的研究开发目前主要集中在耕种、施肥、喷药、蔬菜嫁接、苗木株苗移栽、收获、灌溉、养殖和各种辅助操作等方面。日本是机器人普及最广泛的国家，目前已经有数千台机器人应用于农业领域。

2.3.3　探索机器人

机器人除了在工农业领域被广泛应用之外，还越来越多地用于极限探索，即在恶劣或不适于人类工作的环境中执行任务。例如，在水下（海洋）、太空以及放射性（有毒或高温）等环境中进行作业。人类借助潜水器具潜入到深海之中探秘，已有很长的历史。然而，由于危险很大、费用极高，所以水下机器人就成了代替人在这一危险的环境中工作的最佳工具。空间机器人是指在大气层内和大气层外从事各种作业的机器人，包括在内层空间飞行并进行观测、可完成多种作业的飞行机器人，以及到外层空间其他星球上进行探测作业的星球探测机器人和各种在航天器里使用的机器人。

2.3.4　服务机器人

机器人技术不仅在工农业生产和科学探索领域中得到了广泛应用，而且也逐渐渗透到人们的日常生活领域中，服务机器人就是这类机器人的一个总称。尽管服务机器人的起步较晚，但应用前景十分广泛，目前主要应用在清洁、护理、执勤、救援、娱乐和代替人对设备进行维护保养等场合。国际机器人联合会给服务机器人的一个初步定义是，一种以自主或半自主方式运行，能为人类的生活、康复提供服务的机器人，或者是能对设备运行进行维护的一类机器人。

实战训练

1. 描述各种类型工业机器人的特点。
2. 描述各种类型工业机器人的用途。

第3章　工业机器人结构和技术参数

3.1　工业机器人的结构

　　机器人是典型的机电一体化产品，一般由机械本体、控制系统、传感器和驱动器四部分组成。机械本体是机器人实施作业的执行机构；为对本体进行精确控制，传感器应提供机器人本体或其所处环境的信息；控制系统依据控制程序产生指令信号，来控制各关节运动坐标的驱动器，使各臂杆端点按照要求的轨迹、速度和加速度，以一定的姿态达到空间指定的位置；驱动器将控制系统输出的信号变换成大功率的信号，以驱动执行器工作。

3.1.1　机械本体

　　机械本体是机器人赖以完成作业任务的执行机构，一般是一台机械手，也称操作器或操作手，可以在确定的环境中执行控制系统指定的操作。典型工业机器人的机械本体一般由手部（末端执行器）、腕部、臂部、腰部和基座构成。机械手多采用关节式机械结构，一般具有6个自由度，其中3个用来确定末端执行器的位置，另外3个则用来确定末端执行器的方向（姿势）。机械本体上的末端执行器可以根据操作需要换成焊枪、吸盘、扳手等作业工具。

3.1.2　控制系统

　　控制系统是机器人的指挥中枢，相当于人的大脑。它负责对作业指令信息和内外环境信息进行处理，并依据预定的本体模型、环境模型和控制程序做出决策，产生相应的控制信号，然后通过驱动器驱动执行机构的各个关节按所需的顺序、沿确定的位置或轨迹运动，从而完成特定的作业。从控制系统的构成看，有开环控制系统和闭环控制系统之分；从控制方式看，有程序控制系统、适应性控制系统和智能控制系统之分。

3.1.3　驱动器

　　驱动器是机器人的动力系统，相当于人的心血管系统，一般由驱动装置和传动机构两部分组成。按驱动方式的不同，驱动装置可以分成电动、液动和气动三种类型。驱动装置中的电动机、液压缸和气缸可以与操作机构直接相连，也可以通过传动机构与执行机构相连。传动机构通常有齿轮传动、链传动、谐波齿轮传动、螺旋传动和带传动等几种类型。

3.1.4　传感器

　　传感器是机器人的感测系统，相当于人的感觉器官，是机器人系统的重要组成部分，包括内部传感器和外部传感器两大类。内部传感器主要用来检测机器人本身的状态，为机器人的运动控制提供必要的本体状态信息，如位置传感器、速度传感器等。外部传感器则用来感知机器人所处的工作环境或工作状况信息，可分成环境传感器和末端执行器传感器两种类型；前者用于识别物体和检测物体与机器人的距离等信息，后者安装在末端执行器上，用于检测处理精巧作业时的感觉信息。常见的外部传感器有力觉传感器、触觉传感器、接近觉传感器和视觉传感器等。

3.2 工业机器人的技术参数

机器人已经成为我们生活的一部分，但是除了经常能看到机器人的外表以外，我们很少会接触到机器人的"内在"。如果你是一个标准的机器人爱好者，你还应该知道这个——机器人的技术参数。

机器人技术参数是机器人制造商在产品供货时所提供的技术数据。所以不同的机器人，它的技术参数也不一样。

工业机器人的主要技术参数一般都包括：自由度、定位精度和重复定位精度、工作范围、最大工作速度和承载能力等。

3.2.1 自由度

自由度是指机器人所具有的独立坐标轴运动的数目。机器人的自由度是根据它的用途来设计的，在三维空间中描述一个物体的姿态需要 6 个自由度，机器人的自由度可以少于 6 个，也可以多于 6 个，如图 3-1 所示。

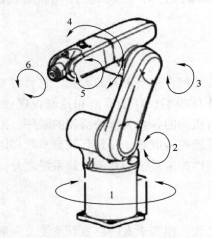

图 3-1　机器人的自由度

大多数机器人从总体上看是个开环机构，但是其中可能包含局部闭环机构。闭环结构可以提高刚性，但是会限制关节的活动范围，使工作空间缩小。

3.2.2　定位精度和重复定位精度

我们经常说到的机器人的精度是指机器人的定位精度和重复定位精度。

定位精度：机器人手部实际到达位置和目标位置之间的差距。

重复定位精度：机器人重新定位其手部于同一目标位置的能力，可以用标准偏差这个统计量来表示。

3.2.3　工作范围

工作范围也就是机器人的工作区域，是指机器人手臂末端或手腕中心所能到达的所有点的集合。工作范围的形状和大小是十分重要的，机器人在进行某一个作业的时候，可能会因为存在手部不能到达的作业死区而不能完成任务，如图 3-2 所示。

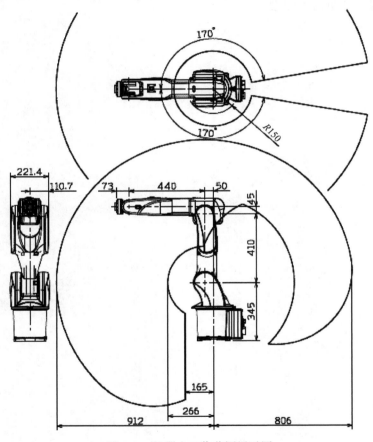

图 3-2　机器人工作范围展示图

3.2.4　最大工作速度

最大工作速度通常指机器人手臂末端的最大速度。工作速度直接影响到工作效率，提高工作速度可以提高工作效率，所以机器人的加速、减速能力显得尤为重要，需要保证机器人加速、减速的平稳性。

3.2.5　承载能力

　　承载能力是指机器人在工作范围内的任何位姿上所能承受的最大负载。机器人的承载能力不仅取决于负载的质量，而且还和机器人运行的速度和加速度的大小和方向有关。承载能力是指高速运行时的承载能力。承载能力不仅要考虑负载，还要考虑机器人末端操作器的质量。

实战训练

1. 到实训室现场认识工业机器人的各个部件。
2. 描述选择工业机器人的指标。

模块二　工业机器人基本操作

[知识目标]：(1) 掌握示教器各个按键的用途。
　　　　　　(2) 掌握示教器语言和时间的设定方法。
　　　　　　(3) 熟悉用示教器对机器人进行单轴、线性和重定位操作。
　　　　　　(4) 掌握机器人的标准 I/O 板配置设置。

[能力目标]：(1) 能正确使用示教器对机器人进行单轴、线性和重定位操作。
　　　　　　(2) 能正确设定示教器的语言和时间。
　　　　　　(3) 能正确设定机器人通信 di、do、gi、go、ai、ao 信号。
　　　　　　(4) 能够操作机器人 I/O 信号通信监控。
　　　　　　(5) 能够操作机器人的转数计数器更新。

[职业素养]：(1) 培养学生高度的责任心和耐心。
　　　　　　(2) 培养学生动手、观察、分析问题和解决问题的能力。
　　　　　　(3) 培养学生查阅资料和自学的能力。
　　　　　　(4) 培养学生与他人沟通的能力，塑造自我形象、推销自我。
　　　　　　(5) 培养学生的团队合作意识及企业员工意识。

第 4 章　ABB 机器人的基础操作

4.1　认识示教器

认识示教器

示教器是进行机器人的手动操纵、程序编写、参数设置以及监控用的手持装置，也是我们最常打交道的控制装置（见图 4-1）。

示教器解说：

① **连接电缆**：连接电缆指信号线。

② **触摸屏**：触摸屏又称为触控屏、触控面板，是一种可接收触头等输入信号的感应式液晶显示装置。当接触了屏幕上的图形按钮时，屏幕上的触觉反馈系统可根据预先编程的程序驱动各种连接装置，可用以取代机械式的按钮面板，并借由液晶显示画面制造出生动的影音效果。

③ **急停开关**：急停开关也可以称为紧急停止按钮，业内简称急停按钮。顾名思义，急停按钮就是当发生紧急情况的时候，人们可以通过快速按下此按钮来达到保护的

措施。

④ **手动操作摇杆**：也称操纵杆用来手动操作机器人。机器人的操纵杆好比作汽车的油门，操纵杆的操纵幅度与机器人的运动速度相关。

⑤ **数据备份用 USB 接口**：USB 是一个外部总线标准，用于规范计算机与外部设备的连接和通信，常用于数据备份。

⑥ **使能器按钮**：使能器按钮是工业机器人为保证操作人员人身安全而设置的。只有在按下使能器按钮，并保持在"电动机开启"的状态时，才可对机器人进行手动的操作与程序的调试。

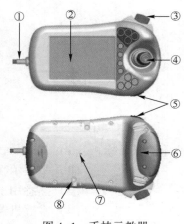

图 4-1　手持示教器

⑦ **示教器复位按钮**：复位按钮是主板上的插接线的插接对象之一，按下时它发生短路，松开后又恢复开路，瞬间的短路就会让计算机重启，简单地说就是一个重启按钮。

⑧ **触摸屏用笔（触控笔）**：触控笔是一种小的笔形工具，用来输入指令到计算机屏幕、移动设备、绘图板等具有触摸屏的设备。用户可以通过触控笔单击触控屏幕来选取文件或绘画。

4.1.1　示教器的显示语言设定

前面已经介绍了 ABB 工业机器人示教器的基本结构，那么现在就来介绍一下示教器的基本操作语言的设置。如果打开机器人示教器也就是机器人开机后我们看到的画面是英文版，那么下面将介绍如何设置为中文版。

示教器的显示
语言设定

操作步骤如下：

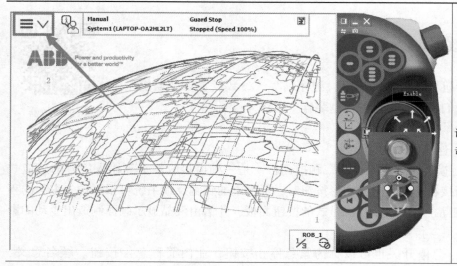

1. 将机器人控制器设为手动模式，然后单击"主菜单"

（续）

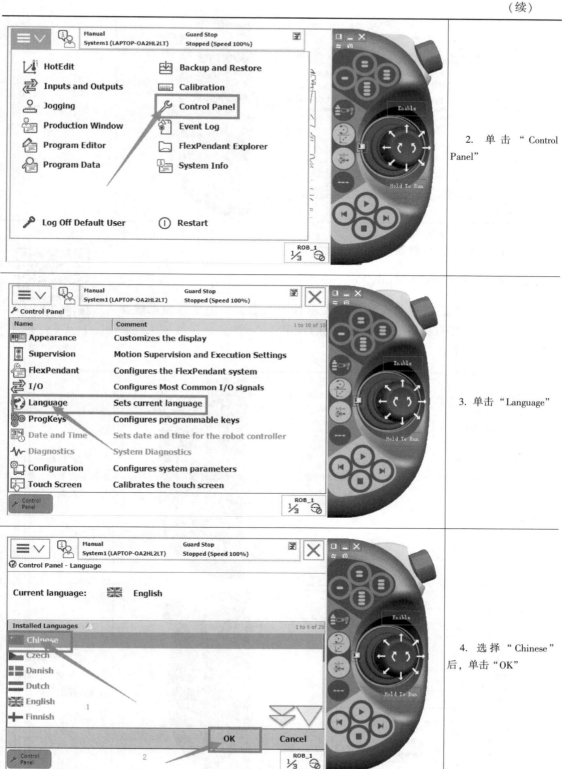

2. 单击"Control Panel"

3. 单击"Language"

4. 选择"Chinese"后，单击"OK"

（续）

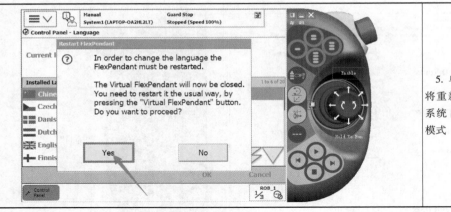

5. 单击"Yes"，系统将重新启动。重启后，系统自动切换到中文模式

经过以上五步，示教器的语言就设置成中文了。

4.1.2　机器人的系统时间设定

上一节我们讲解了如何设定机器人示教器的语言，为了方便系统文件的管理，在操作之前我们进行系统时间的设定。

操作步骤如下：

机器人的系统
时间设定

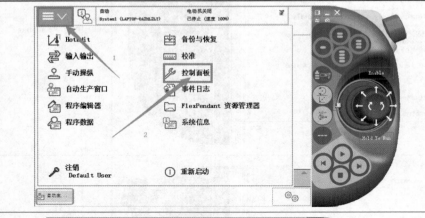

1. 在手动模式下，单击主菜单栏，然后单击"控制面板"

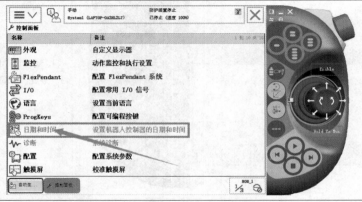

2. 进入控制面板后单击"日期和时间设置机器人控制器的日期和时间"

（续）

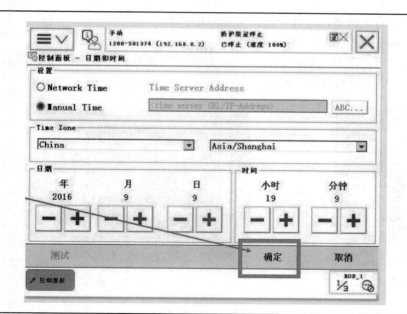	3. 对日期和时间进行设定。日期和时间修改完成后，单击"确定"

通过以上三步，示教器的系统时间就设定完毕了。值得一提的是，时间的设定在虚拟示教器下无法完成。

示教器的使能器
按钮使用

4.1.3 示教器的使能器按钮使用

1. 如何手持示教器

手持示教器的方法如图4-2所示。

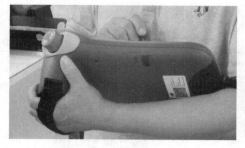

图4-2 示教器持法

2. 示教器的使能器作用

（1）使能器按钮是工业机器人为保证操作人员人身安全而设置的。

（2）只有在按下使能器按钮，并保持在"电机开启"的状态时，才可对机器人进行手动的操作与程序的调试。

（3）当发生危险时，人会本能地将使能器按钮松开或按紧，则机器人会马上停下来，保证安全（见图4-3）。

（4）使能器按钮分了两档，在手动状态下第一档按下去，机器人将处于电动机开启状态。

（5）第二档按下去以后，机器人又处于防护装置停止状态。

3. 示教器手动操作摇杆（操纵杆）的操作技巧

（1）操纵杆的使用技巧：我们可以将机器人示教器操纵杆比作汽车的油门，操纵杆的操纵幅度是与机器人的运动速度相关的（见图4-4）。

图4-3　示教器使能按钮　　　　　　　图4-4　示教器手动操作摇杆

（2）操纵幅度较小则机器人运动速度较慢，操纵幅度较大则机器人运动速度较快。

（3）大家在操作的时候，尽量以操纵小幅度使机器人慢慢运动来开始我们的手动操纵学习。

4.2　查看常用信息与事件日志

查看常用信息与
事件日志

在操作机器人过程中，可以通过机器人的状态栏显示其相关信息，如机器人的状态（手动、全速自动和自动）、机器人的系统信息、机器人的电机状态、程序运行状态以及当前机器人轴或外轴的状态等。查看机器人常用信息与事件日志的步骤如下：

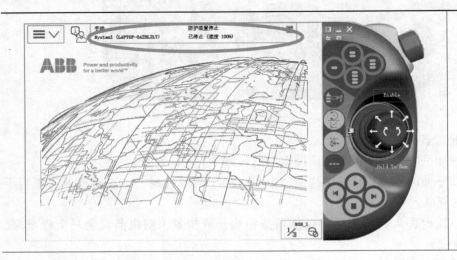

1. 机器人状态显示

（续）

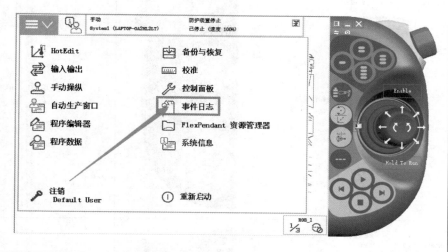

2. 查询日志（一）：
单击主菜单栏下的"事件日志"

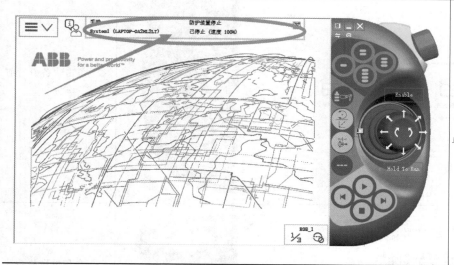

3. 查询日志（二）：
单击窗口上面的状态栏

4.3 系统备份与恢复

系统备份与恢复

　　定期对机器人的数据进行备份，是保证机器人正常工作的良好习惯。备份文件可以放在机器人内部的存储器上，也可以备份到 U 盘上。

　　备份文件包含运行程序和系统配置参数等内容。当机器人系统出错时，可以通过备份文件快速地恢复到备份前的状态。平时在程序更改之前，一定要做好备份。需要注意的是，备份恢复数据是具有唯一性的，不能将一台机器人的备份数据恢复到另一台机器人上。

　　工业机器人系统备份的步骤如下：

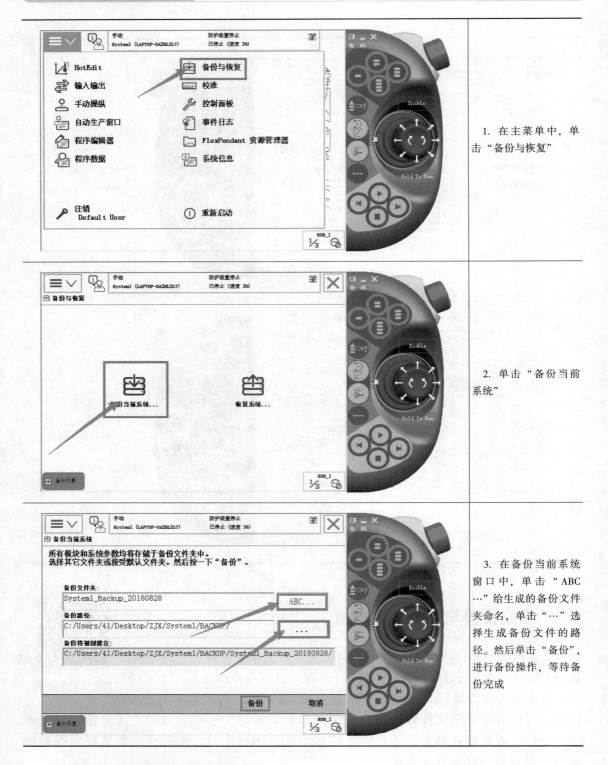

1. 在主菜单中，单击"备份与恢复"

2. 单击"备份当前系统"

3. 在备份当前系统窗口中，单击"ABC…"给生成的备份文件夹命名，单击"…"选择生成备份文件的路径。然后单击"备份"，进行备份操作，等待备份完成

工业机器人系统恢复的步骤如下：

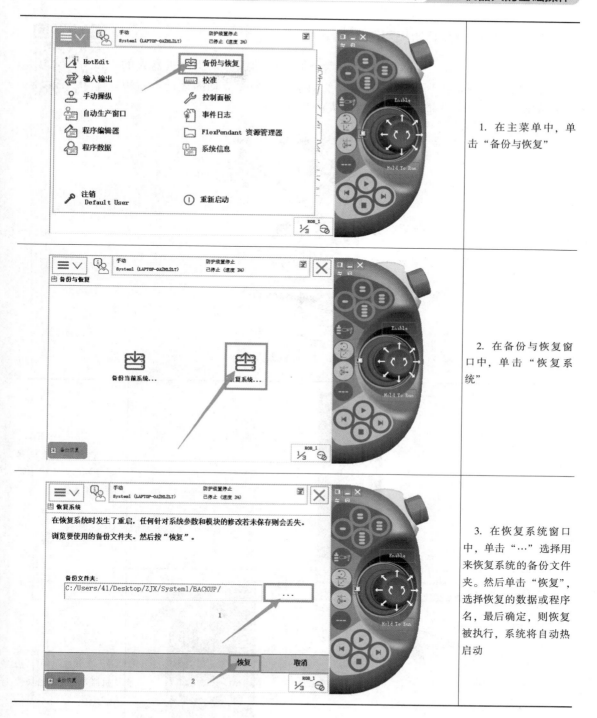

1. 在主菜单中，单击"备份与恢复"

2. 在备份与恢复窗口中，单击"恢复系统"

3. 在恢复系统窗口中，单击"…"选择用来恢复系统的备份文件夹。然后单击"恢复"，选择恢复的数据或程序名，最后确定，则恢复被执行，系统将自动热启动

4.4　手动操纵工业机器人

手动操纵机器人运动一共有三种模式：单轴运动、线性运动和重定位运动。

4.4.1 单轴运动的手动操纵

单轴运动的
手动操纵

一般情况下，ABB 工业机器人是由六个伺服电动机分别驱动机器人的六个关节轴，如图 4-5 所示。那么每次手动操纵一个关节轴的运动，就称之为单轴运动。以下就是手动操纵机器人的步骤：

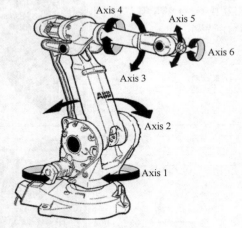

图 4-5　工业机器人本体

1. 将控制柜上机器人状态钥匙切换成中间的手动限速状态

2. 在状态栏中，确认机器人的状态已切换为"手动"

（续）

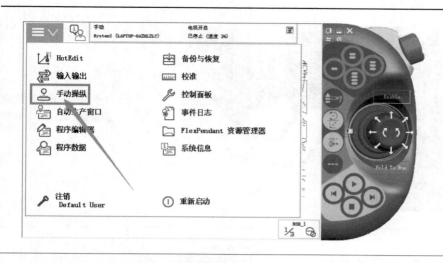

3. 在主菜单下拉菜
单中选择"手动操纵"

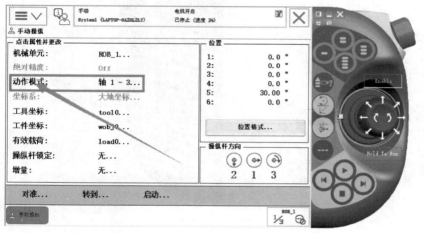

4. 单击"动作模式"

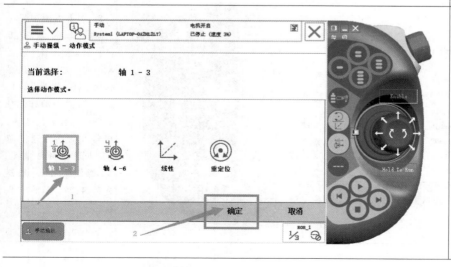

5. 选中"轴1~3"，
然后单击"确定"

（续）

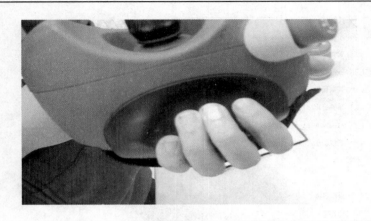

6. 用左手按下使能器按钮，进入"电机开启"状态

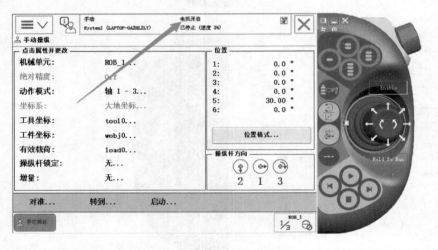

7. 在状态栏中，确认"电机开启"

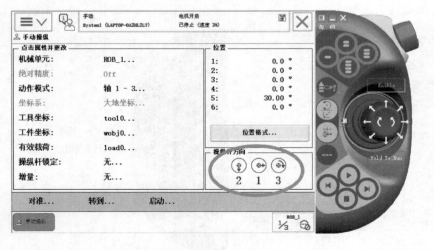

8. 图下方圈中显示"轴1~3"的操纵杆方向，箭头代表各个轴运动时的正方向。然后操作操纵杆，机器人的1、2、3轴就会动作，操纵杆的操作幅度越大，机器人的动作速度越快。同样选择"轴4-6"操作操纵杆，机器人的4、5、6轴就会动作

4.4.2 线性运动的手动操纵

机器人的线性运动是指安装在机器人第六轴法兰盘上工具的 TCP 点在空间中做线性运动。

操作步骤如下：

线性运动的手动操纵

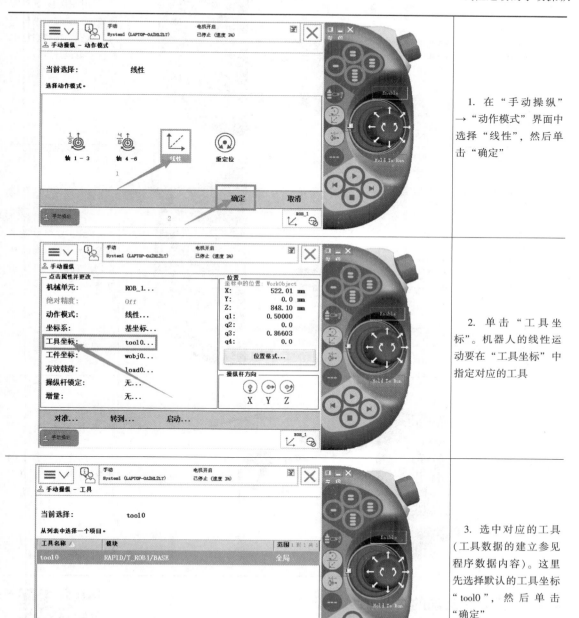

1. 在"手动操纵"→"动作模式"界面中选择"线性"，然后单击"确定"

2. 单击"工具坐标"。机器人的线性运动要在"工具坐标"中指定对应的工具

3. 选中对应的工具（工具数据的建立参见程序数据内容）。这里先选择默认的工具坐标"tool0"，然后单击"确定"

（续）

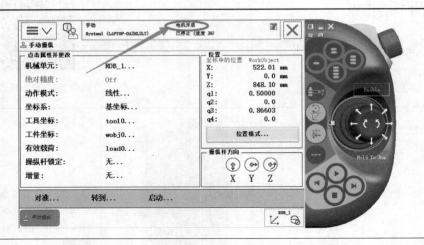

4. 用左手按下使能器按钮，进入"电机开启"状态，在状态栏中确认"电机开启"

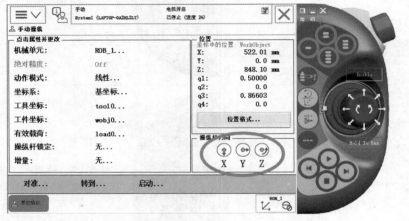

5. 图下方圈中显示轴 X、Y、Z 的操纵杆方向。黄箭头代表正方向

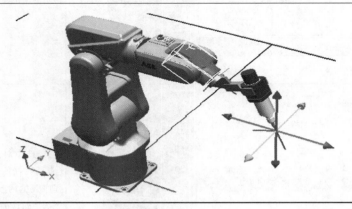

6. 操作示教器上的操纵杆，工具的 TCP 点在空间中做线性运动

4.4.3 重定位运动的手动操纵

机器人的重定位运动是指机器人第六轴法兰盘上的工具 TCP 点在空间中绕着坐标轴旋转的运动，也可以理解为机器人绕着工具 TCP 点做姿态调整的运动。

重定位运动的手动操纵

操作步骤如下:

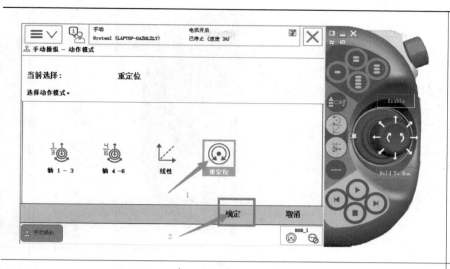

1. 在"手动操纵"→"动作模式"界面中,选中"重定位",然后单击"确定"

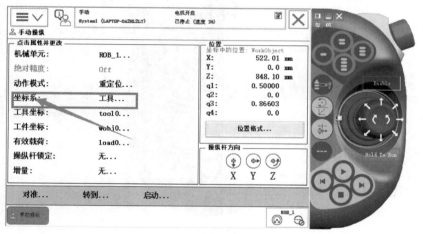

2. 单击"坐标系"

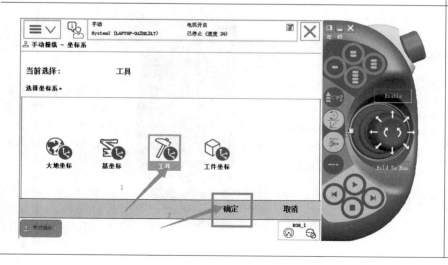

3. 选中"工具",然后单击"确定"

（续）

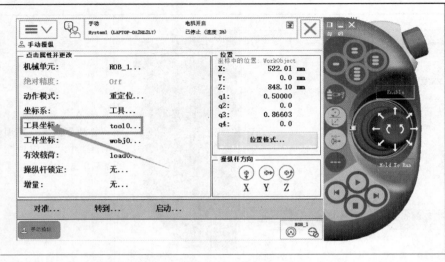

4. 单击"工具坐标"

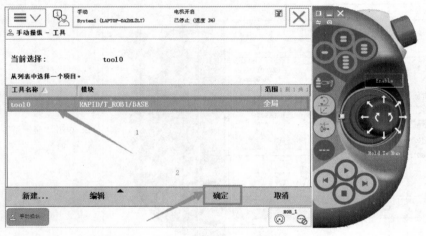

5. 选中正在使用的工具，然后单击"确定"

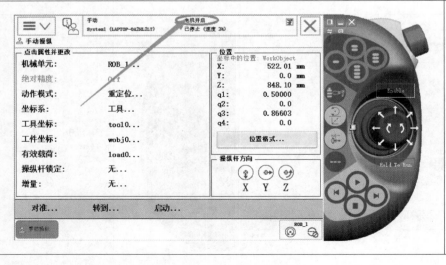

6. 用左手按下使能器按钮，进入"电机开启"状态，在状态栏中，确认"电机开启"

（续）

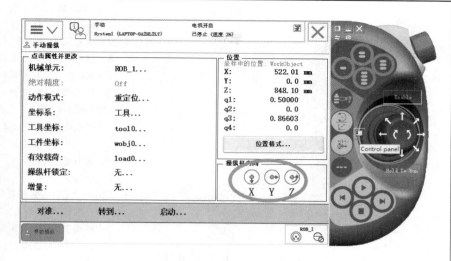

7. 此处显示 X、Y、Z 的操纵杆方向。黄箭头代表正方向。

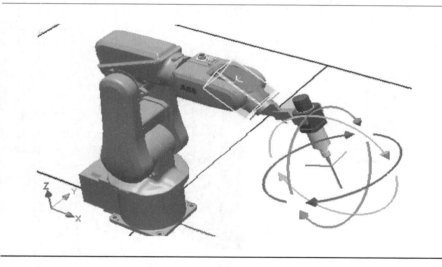

8. 操纵示教器上的操纵杆，机器人绕着工具 TCP 点做姿态调整的运动

4.5 更新转数计数器

更新转数计数器

ABB 机器人的六个关节轴都有一个机械原点的位置。在以下情况下需要对机械原点的位置进行转数计数器的更新操作。

1）更换伺服电动机转数计数器电池后；

2）当转数计数器发生故障，修复后；

3）转数计数器与测量板之间断开过以后；

4）断电后，机器人关节轴发生了移动；

5）当系统报警提示"10036 转数计数器未更新"时。

操作步骤如下：

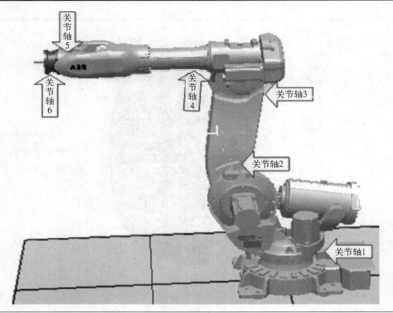

1. 如图是机器人6个关节轴的机械原点刻度位置示意图。（注意：各个型号的机器人机械原点刻度位置会有所不同，请参考 ABB 机器人随机光盘说明）。

使用手动操纵让机器人各个关节轴运动到机械原点刻度位置的顺序是：4-5-6-1-2-3。

例如，在手动操纵菜单中，选择"轴4-6"动作模式，先将关节轴4运动到机械原点的刻度位置

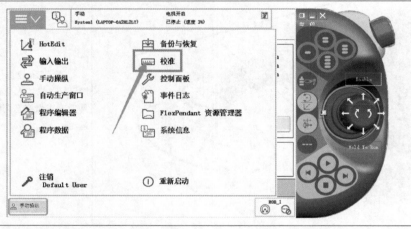

2. 将各个关节轴运动到机械原点的刻度位置后，在 ABB 菜单中，选择"校准"

3. 单击"ROB_1 校准"

（续）

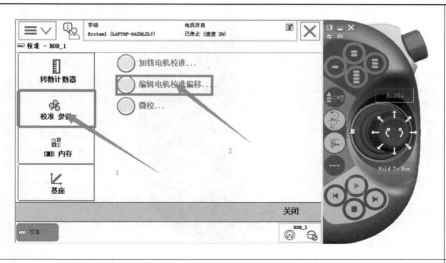

4. 选择"校准参数"后，再选择"编辑电机校准偏移…"

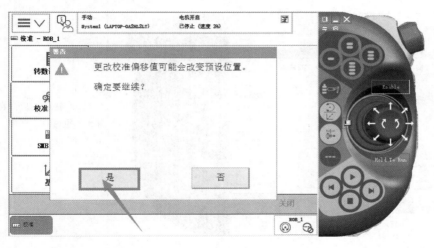

5. 出现如图提示时，单击"是"

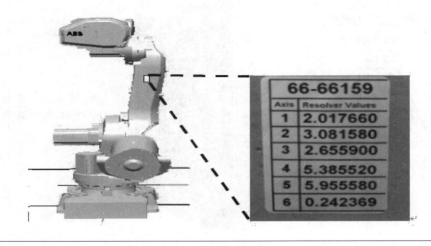

6. 将机器人本体上电动机校准偏移记录下来（位于机器人机身）

（续）

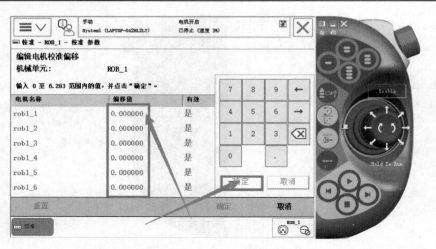

7. 输入刚才从机器人本体上记录的电动机校准偏移数据，然后单击"确定"。如果示教器中显示的数据与机器人本体上的标签数据一致，则无需修改，直接单击"取消"退出。跳到第 11 步

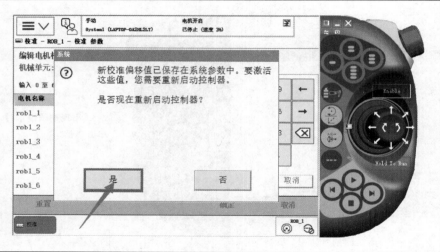

8. 确定修改后，在弹出的重启对话框中单击"是"

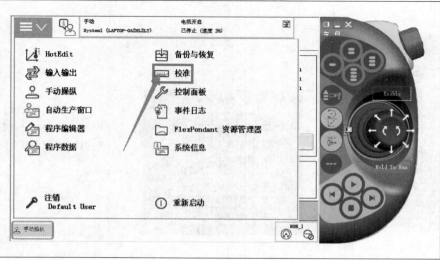

9. 重启后，再在 ABB 主菜单中选择"校准"

（续）

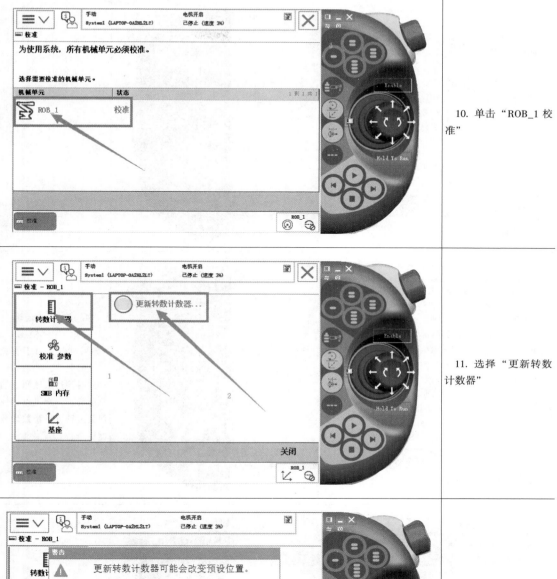

	10. 单击"ROB_1 校准"
	11. 选择"更新转数计数器"
	12. 出现如图提示时，单击"是"

（续）

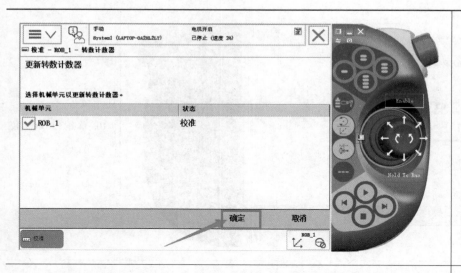

13. 单击"确定"

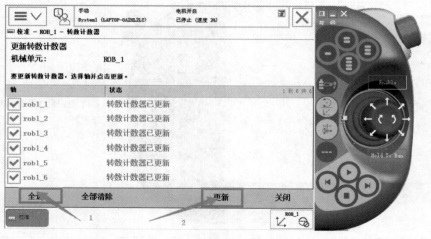

14. 单击"全选"，然后单击"更新"。（如果机器人由于安装位置的关系，无法6个轴同时到达机械原点的刻度位置，则可以逐一对关节轴进行转数计数器更新）

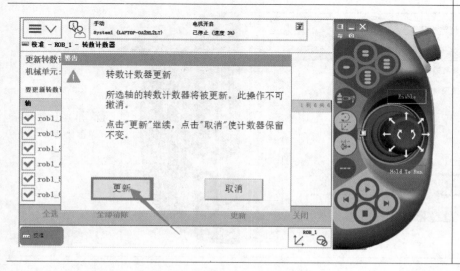

15. 单击"更新"

（续）

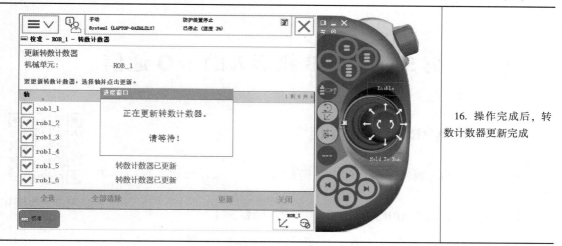

16. 操作完成后，转数计数器更新完成

实战训练

1. 将机器人语言设成中文及进行时间设置。
2. 手动操纵机器人各个轴运动及坐标轴运动。
3. 备份机器人数据与恢复操作。
4. 机器人标定及计数器的数据更新操作。

第5章　ABB 机器人的 I/O 通信

5.1　常用的 ABB 标准 I/O 板

I/O 通信的种类

ABB 工业机器人提供了丰富的 I/O 通信接口，可以轻松地实现与周边设备进行通信。

本节将介绍常用的 ABB 标准 I/O 板，型号见表 5-1。

表 5-1　常用的 ABB 标准 I/O 板

型　号	说　　明	型　号	说　　明
DSQC651	分布式 I/O 模块 di8/do8　ao2	DSQC335A	分布式 I/O 模块 ai4/ao4
DSQC652	分布式 I/O 模块 di16/do16	DSQC377A	输送链跟踪单元
DSQC653	分布式 I/O 模块 di8/do8 带继电器		

5.1.1　ABB 标准 DSQC651 的 I/O 板

在 DSQC651 I/O 接口板（见图 5-1）上，共有四组接线端，分别是 X1、X3、X5 和 X6。

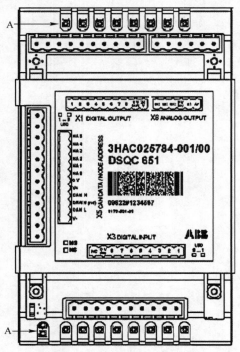

图 5-1　DSQC651 I/O 接口板

（1）X1 是 10 口的八数字输出接线端，各口的作用见表 5-2。

表 5-2　X1 端口接口作用示意表

接 线 端	作　用	接 线 端	作　用
1	数字输出 1	6	数字输出 6
2	数字输出 2	7	数字输出 7
3	数字输出 3	8	数字输出 8
4	数字输出 4	9	0 V
5	数字输出 5	10	24 V

（2）X3 是 10 口的八数字输入接线端，各口的作用见表 5-3。

表 5-3　X3 端口接口作用示意表

接 线 端	作　用	地 址 分 配	接 线 端	作　用	地 址 分 配
1	数字输入 1	0	6	数字输入 6	5
2	数字输入 2	1	7	数字输入 7	6
3	数字输入 3	2	8	数字输入 8	7
4	数字输入 4	3	9	0V	
5	数字输入 5	4	10	24V	

（3）X5 是 12 口的 DeviceNet 专用接线端，专门用于遇到 IRC5 控制柜的主计算机时进行基于 DeviceNet 的通信，各口的作用见表 5-4。

表 5-4　X5 端口接口作用示意表

接 线 端	作　用	接 线 端	作　用
1	0 V	7	模块 ID bit0
2	CAN 信号线 low BLUE	8	模块 ID bit1
3	屏蔽线	9	模块 ID bit2
4	CAN 信号线 high WHITE	10	模块 ID bit3
5	24 V	11	模块 ID bit4
6	GND 地址选择公共端	12	模块 ID bit0

在 X5 接线端中，第 6～12 口是 DSQC651 的节点地址设置位，专门用来设置 DSQC651 接口板在整个工作站 DeviceNet 现场总线网络中的节点地址（见图 5-2）。只要把专门插 6～12 口插头中的相应插片剪去，就可设置 DSQC651 在整个 DeviceNet 现场总线网络中的节点地址。

（4）X6 是 6 口的模拟信号输出接线端，各口的作用见表 5-5。

表 5-5　X6 端口接口作用示意表

接 线 端	作　用	接 线 端	作　用
1	未定义	4	模拟信号（地）
2	未定义	5	模拟信号输出 1
3	未定义	6	模拟信号输出 2

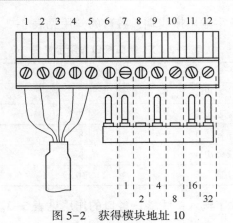

图 5-2　获得模块地址 10

5.1.2　ABB 标准 DSQC652 的 I/O 板

DSQC652 I/O 接口板（见图 5-3）主要提供 16 个数字输入信号和 16 个数字输出信号的处理。

ABB 标准 DSQC652
的 I/O 板

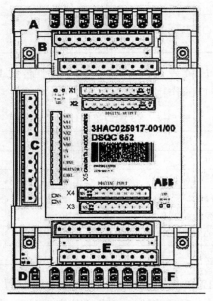

图 5-3　DSQC652 I/O 接口板

A 为数字输出信号指示灯。

B 是 X1、X2 数字输出接口，各口的作用见表 5-6 和表 5-7。

表 5-6　X1 端口接口作用示意表

接　线　端	作　　用	地 址 分 配	接　　线　　端	作　　用	地 址 分 配
1	数字输出 1	0	6	数字输出 6	5
2	数字输出 2	1	7	数字输出 7	6
3	数字输出 3	2	8	数字输出 8	7
4	数字输出 4	3	9	0 V	
5	数字输出 5	4	10	24 V	

表 5-7　X2 端口接口作用示意表

接　线　端	作　　用	地址分配	接　线　端	作　　用	地址分配
1	数字输出 9	8	6	数字输出 14	13
2	数字输出 10	9	7	数字输出 15	14
3	数字输出 11	10	8	数字输出 16	15
4	数字输出 12	11	9	0 V	
5	数字输出 13	12	10	24 V	

C 是 X5，为 DeviceNet 专用接口，各口的作用见表 5-4。

D 为模块指示灯。

E 是 X3、X4 数字输入接口，各口的作用见表 5-3 和表 5-8。

表 5-8　X4 端口接口作用示意表

接　线　端	作　　用	地址分配	接　线　端	作　　用	地址分配
1	数字输入 9	8	6	数字输入 14	13
2	数字输入 10	9	7	数字输入 15	14
3	数字输入 11	10	8	数字输入 16	15
4	数字输入 12	11	9	0 V	
5	数字输入 13	12	10	未使用	

F 为数字输入信号指示灯。

5.1.3　ABB 标准 DSQC653 的 I/O 板

DSQC653 I/O 接口板（见图 5-4）主要提供 8 个数字输入信号和 8 个数字继电器输出信号的处理。

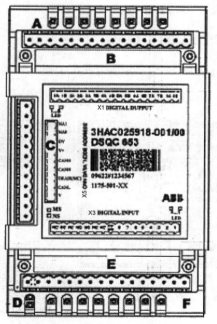

图 5-4　DSQC653 I/O 接口板

A 为数字继电器输出信号指示灯。

B 为 X1 数字继电器输出信号接口，各口的作用见表 5-9。

表 5-9　X1 端口接口作用示意表

接　线　端	作　　用	地址分配	接　线　端	作　　用	地址分配
1	数字输出 1A	0	9	数字输出 5A	4
2	数字输出 1B		10	数字输出 5B	
3	数字输出 2A	1	11	数字输出 6A	5
4	数字输出 2B		12	数字输出 6B	
5	数字输出 3A	2	13	数字输出 7A	6
6	数字输出 3B		14	数字输出 7B	
7	数字输出 4A	3	15	数字输出 8A	7
8	数字输出 4B		16	数字输出 8B	

C 为 X5 DeviceNet 接口，各口的作用见表 5-4。

D 为模板状态指示灯。

E 为 X3 数字输入信号接口，各口的作用见表 5-10。

表 5-10　X3 端口接口作用示意表

接　线　端	作　　用	地址分配	接　线　端	作　　用	地址分配
1	数字输入 1	0	6	数字输入 6	5
2	数字输入 2	1	7	数字输入 7	6
3	数字输入 3	2	8	数字输入 8	7
4	数字输入 4	3	9	0V	
5	数字输入 5	4	10~16	未使用	

F 为数字输入信号指示灯。

5.1.4　ABB 标准 DSQC355A 的 I/O 板

DSQC355A I/O 接口板（见图 5-5）主要提供 4 个模拟输入信号和 4 个模拟输出信号的处理。

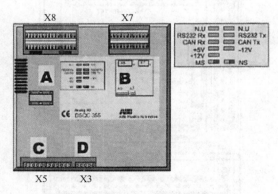

图 5-5　DSQC335A I/O 接口板

A 为 X8 模拟输入端口，各口的作用见表 5-11。

表 5-11　X8 端口接口作用示意表

接 线 端	作　　用	地址分配	接 线 端	作　　用	地址分配
1	模拟输入_1，−10 V/+10 V	0~15	25	模拟输入_1，0 V	
2	模拟输入_2，−10 V/+10 V	16~31	26	模拟输入_2，0 V	
3	模拟输入_3，−10 V/+10 V	32~47	27	模拟输入_3，0 V	
4	模拟输入_4，−10 V/+10 V	48~63	28	模拟输入_4，0 V	
5~16	未使用		29~32	0 V	
17~24	+24 V				

B 为 X7 模拟输出端口，各口的作用见表 5-12。

表 5-12　X7 端口接口作用示意表

接 线 端	作　　用	地址分配	接 线 端	作　　用	地址分配
1	模拟输出_1，−10 V/+10 V	0~15	19	模拟输出_1，0 V	
2	模拟输出_2，−10 V/+10 V	16~31	20	模拟输出_2，0 V	
3	模拟输出_3，−10 V/+10 V	32~47	21	模拟输出_3，0 V	
4	模拟输出_4，4-20 mA	48~63	22	模拟输出_4，0 V	
5~18	未使用		23~24	未使用	

C 为 X5 DeviceNet 接口，各口的作用见表 5-4。

D 为 X3 供电电源，各口的作用见表 5-13。

表 5-13　X3 端口接口作用示意表

接 线 端	作　　用	接 线 端	作　　用
1	0 V	4	未使用
2	未使用	5	+24 V
3	接地		

5.1.5　ABB 标准 DSQC377A 的 I/O 板

DSQC377A I/O 接口板（见图 5-6）主要提供机器人输送链跟踪功能所需的编码器与同步开关信号的处理。

A 为 X20 是编码器与同步开关的端子，各口的作用见表 5-14。

表 5-14　X20 端口接口作用示意表

接 线 端	作　　用	接 线 端	作　　用
1	24 V	6	编码器 1，B 相
2	0 V	7	数字输入信号 1，24 V
3	编码器 1，24 V	8	数字输入信号 1，0 V
4	编码器 2，0 V	9	数字输入信号 1，信号
5	编码器 1，A 相	10~16	未使用

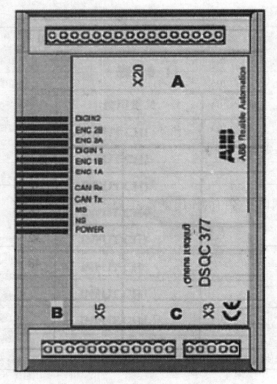

图 5-6　DSQC377A I/O 接口板

B 为 X5, DeviceNet 接口, 各口的作用见表 5-4。

C 为 X3 是供电电源, 各口的作用见表 5-13。

5.2　ABB 标准 DSQC651 的 I/O 板配置

5.2.1　DSQC651 板的总线连接

DSQC651 板的总线连接

ABB 标准 I/O 板都是下挂在 DeviceNet 现场总线下的设备, 通过 X5 端口与 DeviceNet 现场总线进行通信。

定义 DSQC651 板的总线连接的相关参数说明见表 5-15。

表 5-15　DSQC651 板相关参数

参 数 名 称	设 定 值	说　明
Name	board10	设定 I/O 板在系统中的名字, 10 代表 I/O 板在 DeviceNet 总线上的地址是 10, 方便在系统中识别
Type of Unit	d651	设定 I/O 板的类型
Connected to Bus	DeviceNet1	设定 I/O 板连接的总线
DeviceNet Address	10	设定 I/O 板在总线中的地址

DSQC651 板设定的具体操作步骤如下：

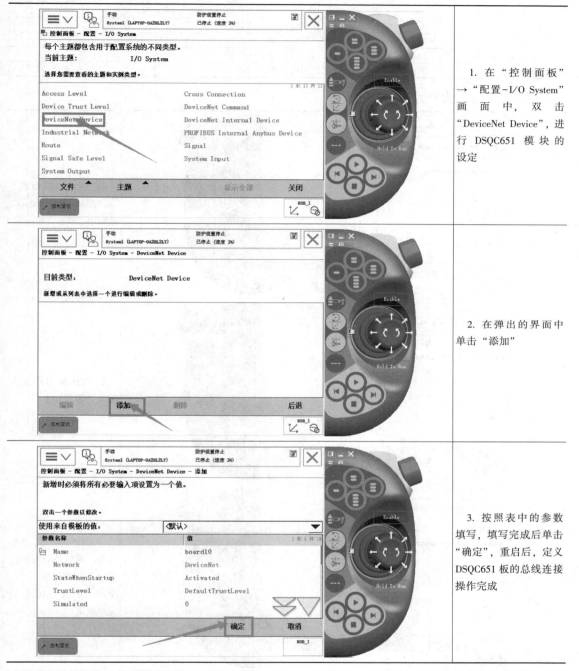

1. 在"控制面板"→"配置–I/O System"画面中，双击"DeviceNet Device"，进行 DSQC651 模块的设定

2. 在弹出的界面中单击"添加"

3. 按照表中的参数填写，填写完成后单击"确定"，重启后，定义 DSQC651 板的总线连接操作完成

5.2.2 设定数字输入信号 di1

如何来设定数字输入信号 di1 呢？首先我们要明白其各参数名称和设定值，见表 5–16。

设定数字输入信号 di1

表 5-16　数字输入信号的参数

参 数 名 称	设 定 值	说　明
Name	di1	设定数字输入信号的名字
Type of Signal	Digital Input	设定信号的类型
Assigned to Unit	board10	设定信号所在的 I/O 模块
Device Mapping	0	设定信号所占用的地址

设定数字输入信号的具体步骤如下：

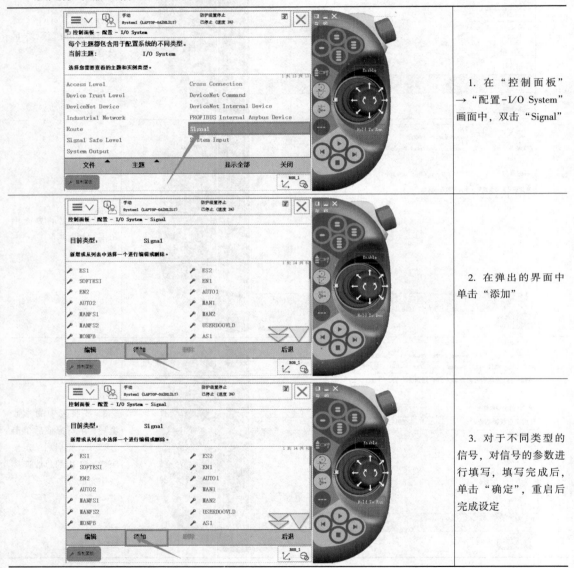

1. 在"控制面板"→"配置-I/O System"画面中，双击"Signal"

2. 在弹出的界面中单击"添加"

3. 对于不同类型的信号，对信号的参数进行填写，填写完成后，单击"确定"，重启后完成设定

5.2.3　设定数字输出信号 do1

如何来设定数字输出信号 do1 呢？首先我们要明白其各参数名称和设定值，见表 5-17。

设定数字输出信号 do1

表5-17 数字输出信号的参数

参 数 名 称	设 定 值	说 明
Name	do1	设定数字输出信号的名字
Type of Signal	Digital Output	设定信号的类型
Assigned to Unit	board10	设定信号所在的I/O模块
Device Mapping	32	设定信号所占用的地址

设定数字输出信号的具体步骤如下：

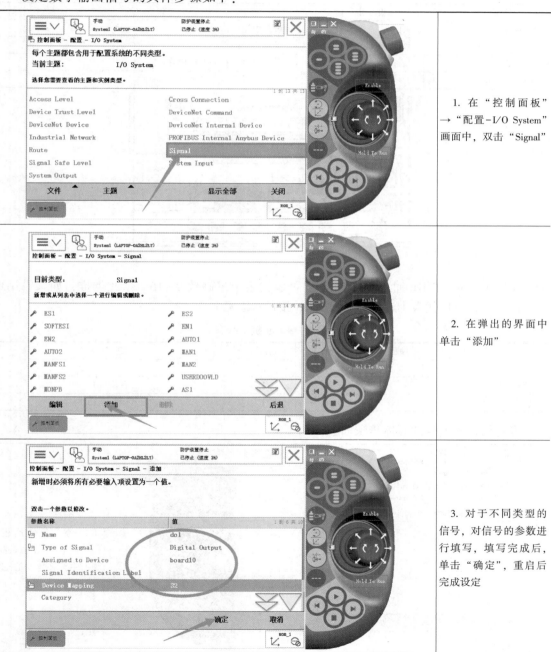

1. 在"控制面板"→"配置-I/O System"画面中，双击"Signal"

2. 在弹出的界面中单击"添加"

3. 对于不同类型的信号，对信号的参数进行填写，填写完成后，单击"确定"，重启后完成设定

5.2.4 设定组输入信号 gi1

组输入信号就是将几个数字输入信号组合起来使用，用于接收外围设备输入的 BCD 编码的十进制数，输入信号的参数见表 5-18。组输入信号 gi1 接口如图 5-7 所示。

设定组输入信号 gi1

表 5-18　输入信号的参数

参 数 名 称	设 定 值	说 明
Name	gi1	设定组输入信号的名字
Type of Signal	Group Input	设定信号的类型
Assigned to Unit	board10	设定信号所在的 I/O 模块
Device Mapping	1~4	设定信号所占用的地址

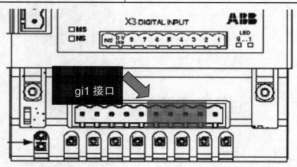

图 5-7　gi 接口

此例中，gi1 占用地址 1~4 共 4 位，可以代表十进制数 0~15。依此类推，如果占用地址 5 位的话，可以代表十进制数 0~31。gi 接口状态见表 5-19。

表 5-19　gi 接口状态

	地址 1	地址 2	地址 3	地址 4	十 进 制 数
	1	2	4	8	
状态 1	0	1	0	1	2+8=10
状态 2	1	0	1	1	1+4+8=13

设定组输入信号的具体步骤如下：

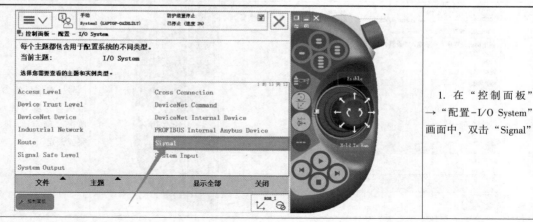

1. 在"控制面板"→"配置-I/O System"画面中，双击"Signal"

（续）

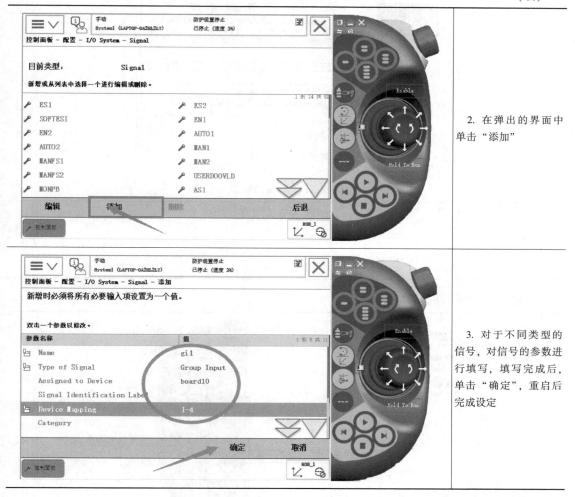

2. 在弹出的界面中单击"添加"

3. 对于不同类型的信号，对信号的参数进行填写，填写完成后，单击"确定"，重启后完成设定

5.2.5　设定组输出信号 go1

组输出信号就是将几个数字输出信号组合起来使用，用于输出BCD 编码的十进制数，组输出信号的参数见表 5-20。组输出信号 go1接口如图 5-8 所示。

设定组输出信号 go1

表 5-20　组输出信号的参数

参 数 名 称	设 定 值	说　　　明
Name	go1	设定组输出信号的名字
Type of Signal	Group Output	设定信号的类型
Assigned to Unit	board10	设定信号所在的 I/O 模块
Device Mapping	33~36	设定信号所占用的地址

此例中，go1 占用地址 33~36 共 4 位，可以代表十进制数 0~15。依此类推，如果占用地址 5 位的话，可以代表十进制数 0~31。go 接口状态见表 5-21。

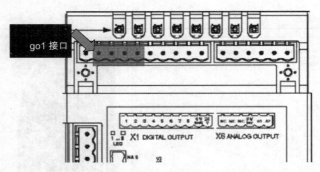

图 5-8　go1 接口

表 5-21　go 接口状态

	地址 33	地址 34	地址 35	地址 36	十 进 制 数
	1	2	4	8	
状态 1	0	1	0	1	2+8＝10
状态 2	1	0	1	1	1+4+8＝13

设定组输出信号的具体步骤如下：

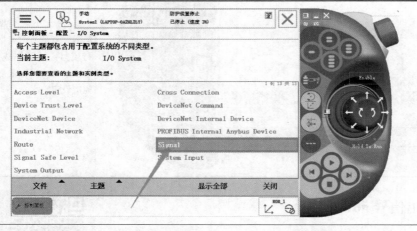	1. 在"控制面板"→"配置-I/O System"画面中，双击"Signal"
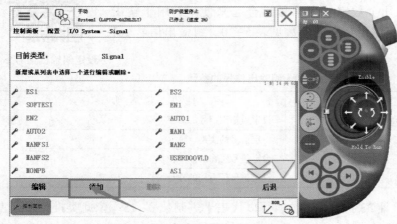	2. 在弹出的界面中单击"添加"

（续）

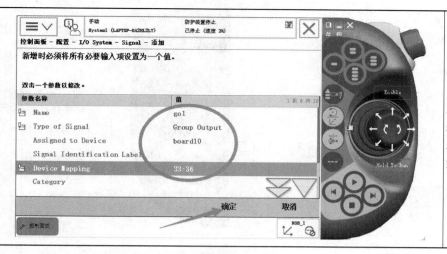

3. 对于不同类型的信号，对信号的参数进行填写，填写完成后，单击"确定"，重启后完成设定

5.2.6 设定模拟输出信号 ao1

模拟输出信号的相关参数见表 5-22。模拟输出信号 ao1 接口如图 5-9 所示。

设定模拟输出信号 ao1

表 5-22 模拟输出信号的参数

参 数 名 称	设 定 值	说 明
Name	ao1	设定模拟输出信号的名字
Type of Signal	Analog Output	设定信号的类型
Assigned to Unit	board10	设定信号所在的 I/O 模块
Unit Mapping	0~15	设定信号所占用的地址
Analog Encoding Type	Unsigned	设定模拟信号属性
Maximum Logical Value	10	设定最大逻辑值
Maximum Physical Value	10	设定最大物理值（V）
Maximum Bit Value	65535	设定最大位值

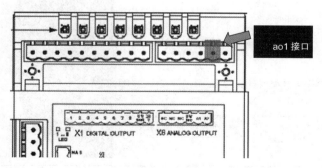

图 5-9 模拟输出信号 ao1 接口

设定模拟输出信号的具体步骤如下：

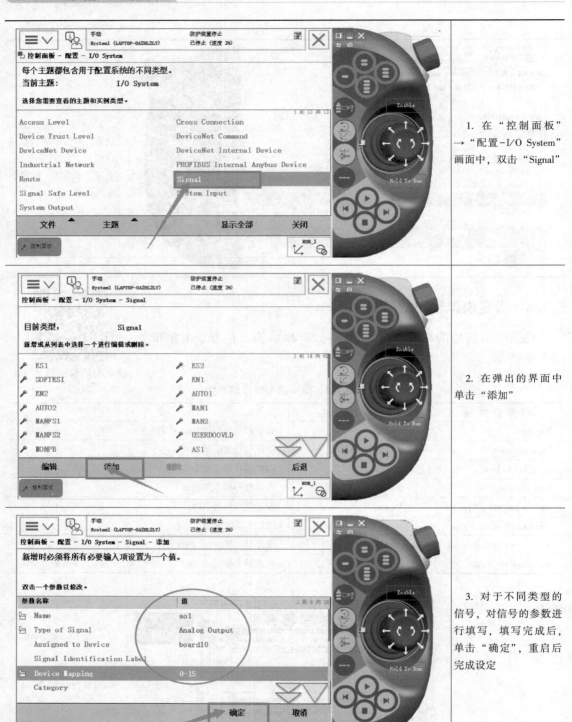

1. 在"控制面板"
→"配置-I/O System"
画面中,双击"Signal"

2. 在弹出的界面中
单击"添加"

3. 对于不同类型的
信号,对信号的参数进
行填写,填写完成后,
单击"确定",重启后
完成设定

5.3　I/O信号通信监控与操作

5.3.1　打开"输入输出"画面

打开"输入输出"画面

ABB机器人可以打开"输入输出"后查看各种信号的状态，也可以对I/O信号的状态或数值进行仿真和强制的操作，以便在机器人调试和检修时使用。

查看I/O信号的操作步骤如下：

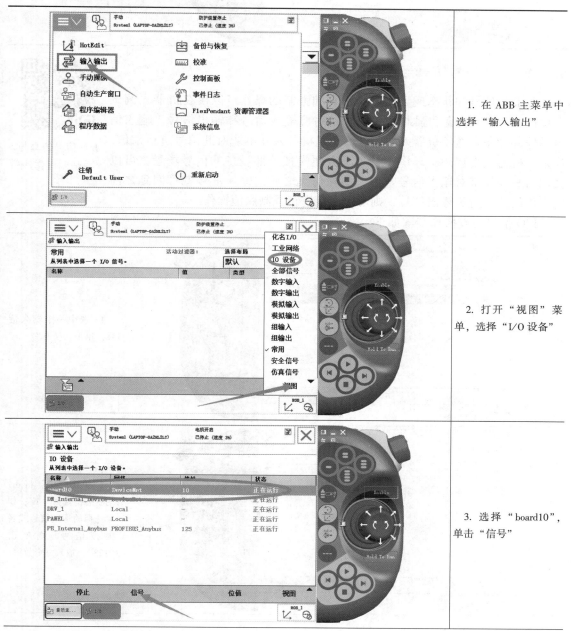

1. 在ABB主菜单中选择"输入输出"

2. 打开"视图"菜单，选择"I/O设备"

3. 选择"board10"，单击"信号"

（续）

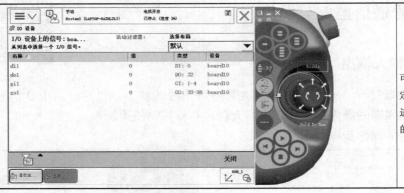

4. 在这个画面中，可以看到在上一节中所定义的信号。可对信号进行监控、仿真和强制的操作

5.3.2　I/O信号仿真与强制操作

I/O信号仿真与强制操作

对I/O信号的状态或数值进行仿真和强制的操作，以便在机器人调试和检修时使用。仿真和强制操作分别是对应输入信号和输出信号，输入信号是外部设备发送给机器人的信号，所以机器人并不能对此信号进行赋值，但是在机器人编程测试环境中，为了方便模拟外部设备的信号场景，可以使用仿真操作来对输入信号赋值，消除仿真之后，输入信号就可回到之前的真正的值。对于输出信号，则可以直接进行强制赋值操作。

I/O信号仿真操作步骤如下：

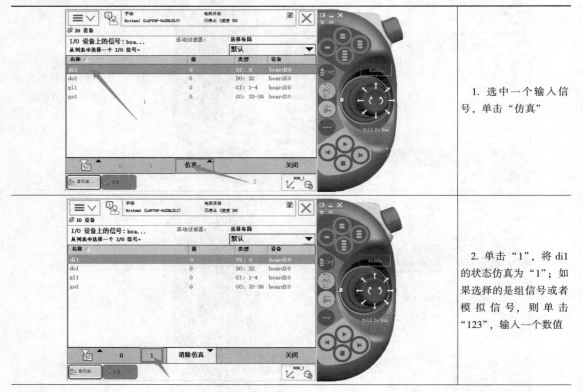

1. 选中一个输入信号，单击"仿真"

2. 单击"1"，将di1的状态仿真为"1"；如果选择的是组信号或者模拟信号，则单击"123"，输入一个数值

（续）

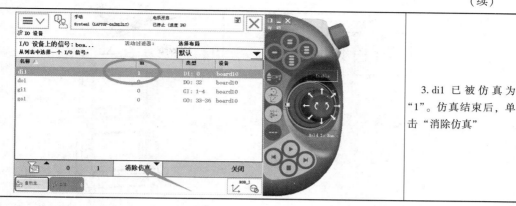

3. di1 已被仿真为"1"。仿真结束后，单击"消除仿真"

I/O 信号强制操作步骤如下：

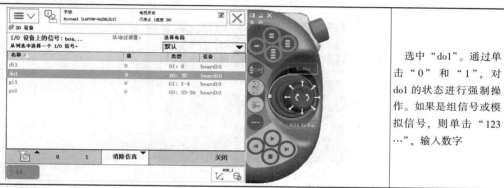

选中"do1"。通过单击"0"和"1"，对 do1 的状态进行强制操作。如果是组信号或模拟信号，则单击"123…"，输入数字

注：1. 对于输入信号，只能进行仿真操作。当选择输入信号时，其下方对应的"0"和"1"显示为灰色，表示不能进行强制操作。

2. 对于输出信号，仿真操作和强制操作都可以。区别在于仿真操作时，其对应的输出端口不会有实际动作，如连接的电磁线圈不会得电吸合；而进行强制操作时，则对应的输出端口会有实际动作，如连接的电磁线圈会得电吸合等。因此，可以使用强制操作对于输出信号进行测试或在现场编程过程中辅助编程。

5.4 Profibus 适配器的连接

除了通过 ABB 机器人提供的标准 I/O 板与外围设备进行通信外，ABB 机器人还可以使用 DSQC667 模块通过 Profibus 与 PLC 进行快捷和大数据量的通信。Profibus 适配器的连接如图 5-10 所示。

DSQC667 模块安装在电柜中的主机上，最多支持 512 个数字输入和 512 个数字输出。如图 5-11 所示。

Profibus 适配器的参数设定见表 5-23。

表 5-23 Profibus 适配器的参数

参 数 名 称	设 定 值	说 明
Name	Profibus8	设定 I/O 板在系统中的名字
Type of Unit	DP_SLAVE	设定 I/O 板的类型
Connected to Bus	Profibus1	设定 I/O 板连接的总线
Profibus Address	8	设定 I/O 板在总线中的地址

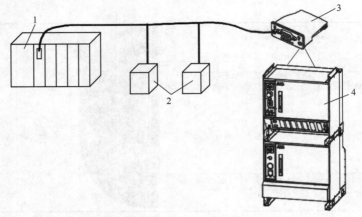

图 5-10　Profibus 适配器的连接

1—PLC 主站　2—总线上的从站　3—机器人 Profibus 适配器 DSQC667　4—机器人的控制框

图 5-11　Profibus 适配器 DSQC667 模块

5.5　系统输入/输出与 I/O 信号的关联

将数字输入信号与系统的控制信号关联起来，就可以对系统进行控制（例如电动机的开启、程序启动等）。系统的状态信号也可以与数字输出信号关联起来，将系统的状态输出给外围设备，以作控制之用。

系统输入/输出与 I/O 信号的关联

（1）建立系统输入"电动机开启"与数字输入信号 di1 的关联，操作步骤如下：

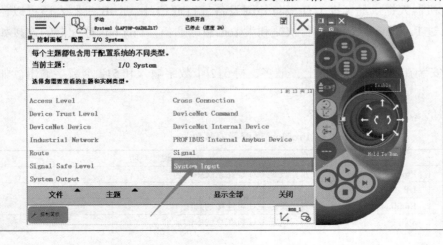

1. 进入"控制面板"→"配置-I/O System"画面，双击"System Input"

（续）

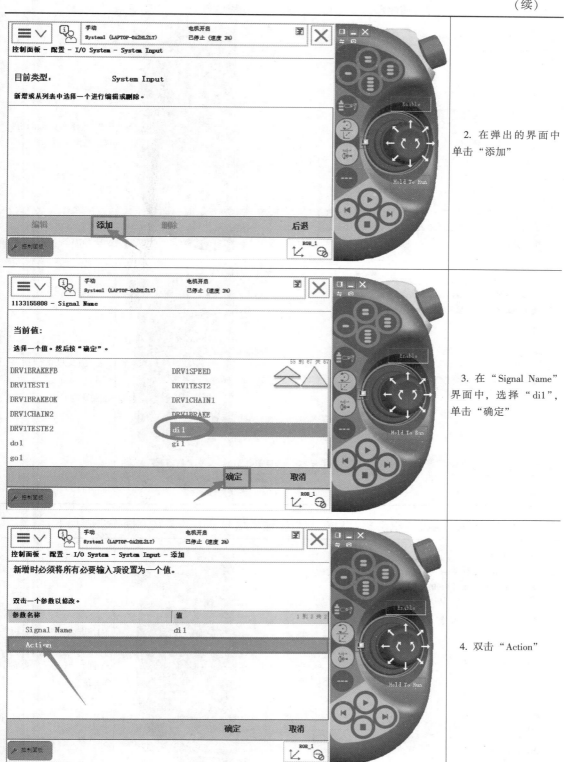

2. 在弹出的界面中单击"添加"

3. 在"Signal Name"界面中，选择"di1"，单击"确定"

4. 双击"Action"

（续）

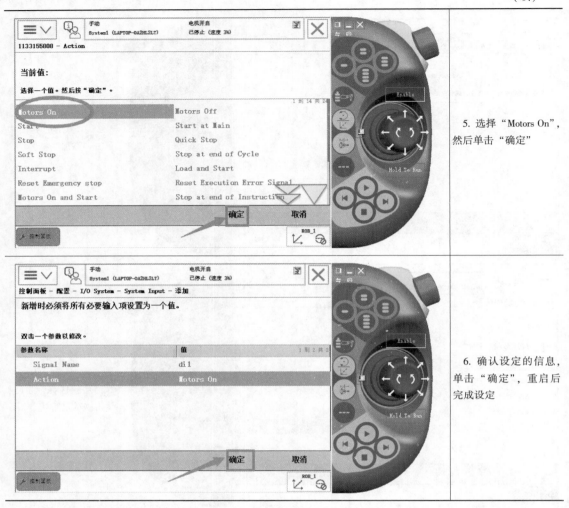

5. 选择"Motors On"，然后单击"确定"

6. 确认设定的信息，单击"确定"，重启后完成设定

（2）建立系统输出"电动机开启"与数字输出信号 do1 的关联，操作步骤如下：

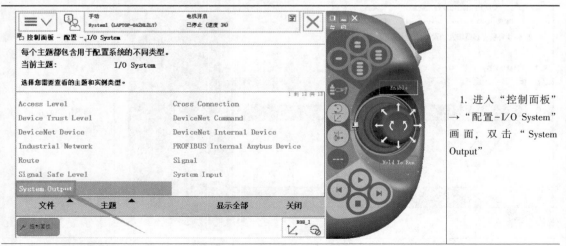

1. 进入"控制面板" → "配置-I/O System"画面，双击"System Output"

（续）

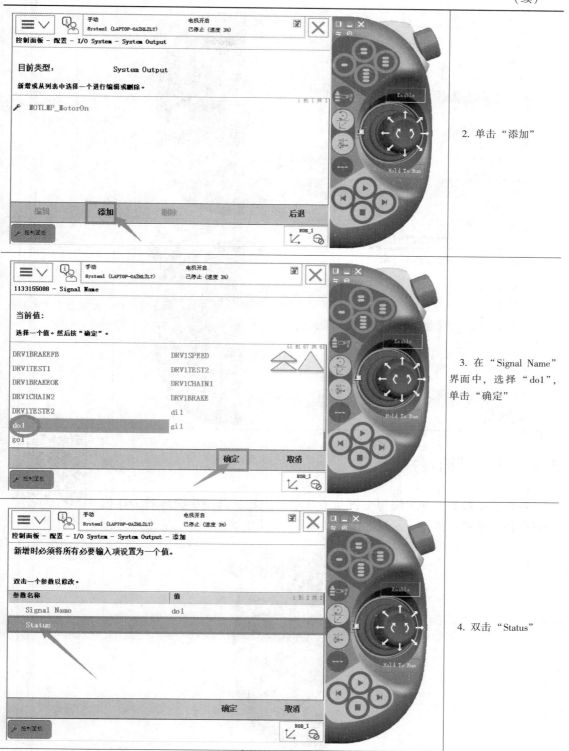

2. 单击"添加"

3. 在"Signal Name"界面中，选择"do1"，单击"确定"

4. 双击"Status"

（续）

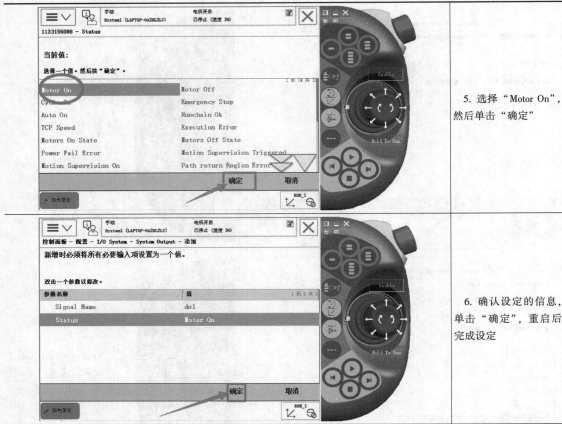	5. 选择"Motor On"，然后单击"确定"
	6. 确认设定的信息，单击"确定"，重启后完成设定

5.6 设定可编程按键

可以将示教器上的可编程按键与 I/O 信号绑定，以便快捷地对 I/O 信号进行仿真或强制操作。示教器按键如图 5-12 所示。

设定可编程按键

图 5-12 示教器按键

为可编程按键 1 配置数字输出信号 do1 的操作步骤如下：

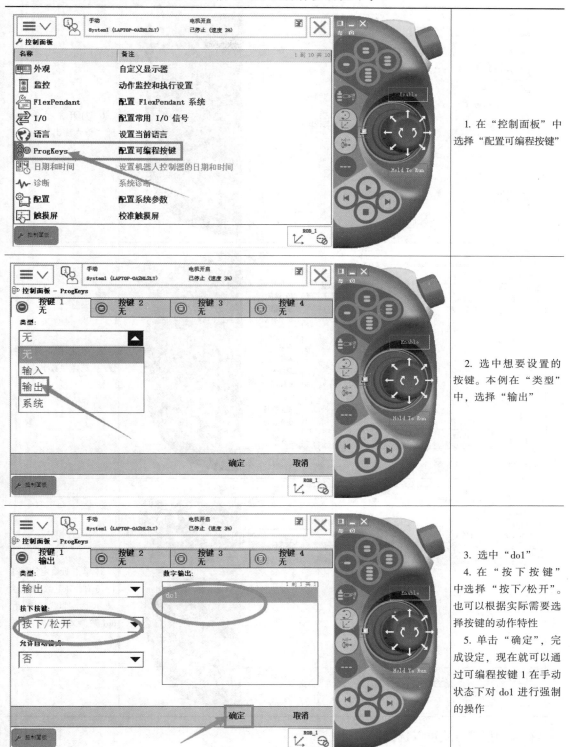

1. 在"控制面板"中选择"配置可编程按键"

2. 选中想要设置的按键。本例在"类型"中，选择"输出"

3. 选中"do1"

4. 在"按下按键"中选择"按下/松开"。也可以根据实际需要选择按键的动作特性

5. 单击"确定"，完成设定，现在就可以通过可编程按键 1 在手动状态下对 do1 进行强制的操作

（续）

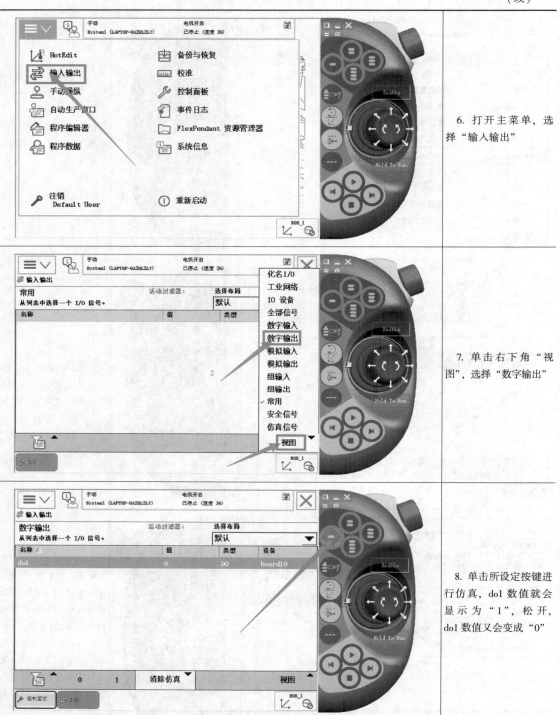

6. 打开主菜单，选择"输入输出"

7. 单击右下角"视图"，选择"数字输出"

8. 单击所设定按键进行仿真，do1 数值就会显示为"1"，松开，do1 数值又会变成"0"

有多种按键方式可以选择：

1）切换：每按一次按键，信号在"1"和"0"之间切换。

2）设置为"1"：按下按键将信号设置为"1"。

3）设置为"0"：按下按键将信号设置为"0"。

4）按下/松开：长按按键，信号为"1"，松开后信号重置为"0"。

5）脉冲：按下按键，信号设置为"1"，然后自动重置为"0"。

实战训练

1. DSQC651、DSQC652 的 I/O 板的设定操作。

2. 设定数字输入/输出信号（di、do）的操作。

3. 设定组输入/输出信号（gi、go）的操作。

4. 设定模拟输入/输出信号（ai、ao）的操作。

5. 可编程按键 2 配置数字输出信号 do2 的操作。

模块三　工业机器人现场编程

[知识目标]：(1) 掌握程序数据类型及存储类型。

(2) 掌握工具数据、工件坐标和有效载荷三个关键数据的设定。

(3) 掌握机器人程序结构。

(4) 掌握并理解机器人运动指令、I/O 控制指令和条件逻辑判断指令。

[能力目标]：(1) 能正确建立 bool、num 数据类型、进行程序数据操作。

(2) 能正确设定工具数据、工件坐标和有效载荷三个关键数据。

(3) 能正确运用机器人运动指令、I/O 控制指令和条件逻辑判断指令编写机器人程序。

(4) 能够根据工艺要求正确调整机器人程序。

[职业素养]：(1) 培养学生高度的责任心和耐心。

(2) 培养学生动手、观察、分析问题和解决问题的能力。

(3) 培养学生查阅资料和自学的能力。

(4) 培养学生与他人沟通的能力，塑造自我形象、推销自我。

(5) 培养学生的团队合作意识及企业员工意识。

第 6 章　ABB 机器人的程序数据

6.1　程序数据

程序数据是在程序模块或系统模块中设定的值和定义的一些环境数据。创建好的程序数据可通过同一个模块或其他模块中的指令进行引用。如图 6-1 所示为常用的直线运动指令，在该行程序中调用了四个常用的程序数据，如表 6-1 所示。

程序数据

图 6-1　直线运动指令格式

表 6-1 程序数据详细表

程 序 数 据	数 据 类 型	说 明
p10	robtarget	机器人运动目标位置数据
v150	speeddata	机器人运动速度数据
z50	zonedata	机器人运动转弯数据
tool0	tooldata	机器人工作数据 TCP

6.2 程序数据类型

6.2.1 常用程序数据

ABB 工业机器人的程序数据共有 76 个，可以根据实际情况进行创建，这为 ABB 工业机器人的程序设计提供了良好的数据支撑。

数据类型可以利用示教器的"程序数据"窗口进行查看，如图 6-2 所示，用户可根据需要进行选择并创建程序数据。表 6-2 是 ABB 机器人常用的程序数据。

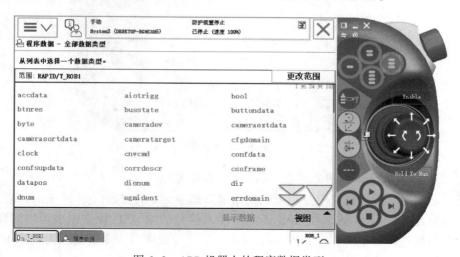

图 6-2 ABB 机器人的程序数据类型

表 6-2 ABB 机器人常用的程序数据

程 序 数 据	说 明	程 序 数 据	说 明
bool	布尔量	pos	位置数据（只有 xyz 参数）
byte	整数数据 0~255	pose	坐标转换
clock	计时数据	robjoint	机器人轴角度数据
dionum	数字输入/输出信号	robtarget	机器人与外轴的位置数据
extjoint	外轴位置数据	speeddata	机器人与外轴的速度数据
intnum	中断标志符	string	字符串

（续）

程 序 数 据	说 明	程 序 数 据	说 明
jointtarget	关节位置数据	tooldata	工具数据
loaddata	负荷数据	trapdata	中断数据
mecunit	机械装置数据	wobjdata	工件数据
num	数值数据	zonedata	TCP 转弯半径数据
oriemt	姿态数据		

6.2.2　程序数据的存储类型

（1）变量（VAR）：变量型数据在程序执行的过程中和停止时会保持当前的值。一旦程序指针被移到主程序后，当前数值会丢失。变量型数据在程序编辑窗口中的显示如图 6-3 所示。

VAR num lengh：=0；名称为 length 的数字数据。

VAR string name：="Rose"；名称为 name 的字符数据。

VAR bool flag：=FALSE；名称为 flag 的布尔量数据。

图 6-3　变量型数据

其中，VAR 表示存储类型为变量，num 表示程序数据类型。

在定义数据时，可以定义变量数据的初始值，如 length 的初始值为 0，name 的初始值为 john，flag 的初始值为 FALSE。在 ABB 工业机器人执行的 RAPID 程序中也可以对变量存储类型的程序数据进行赋值操作，如图 6-4 所示。在执行程序时，变量数据为程序中的赋值，在指针复位后将恢复为初始值。

（2）可变量（PERS）：可变量最大的特点是，无论程序的指针如何，都会保持最后赋予的值。可变量型数据在程序编辑窗口中的显示如图 6-5 所示。

PERS num abc：=2；名称为 abc 的数字数据。

PERS string texe：="Hi"；名称为 texe 的字符数据。

在 ABB 工业机器人执行的 RAPID 程序中也可以对可变量型数据进行赋值操作，PERS 表示存储类型为可变量。在程序执行以后，赋值的结果会一直保持，直到对其进行重新赋值。

（3）常量（CONST）：常量在定义时已被赋予了数值。存储类型为常量的程序数据，不允许在程序中进行赋值操作；需要修改时，必须手动进行修改。常量型数据在程序编辑窗口中的显示如图 6-6 所示。

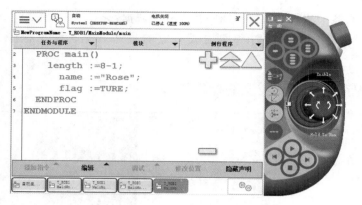

图 6-4 变量数据为程序中的赋值

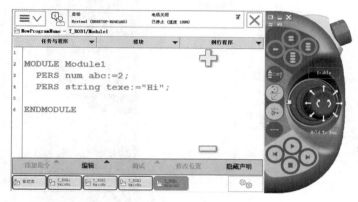

图 6-5 可变量（PERS）型数据

图 6-6 常量（CONST）型数据

CONST num gravity：=9.8；名称为 gravity 的数字数据。

CONST string greeting：="Hi"；名称为 greeting 的字符数据。

6.3 建立程序数据

在 ABB 工业机器人系统中，可以通过以下两种方式建立程序数据：

1）直接在示教器中的程序数据界面中建立程序数据；

2）在建立程序指令时，同时自动生成对应的程序数据，详见程序指令。

6.3.1 建立程序数据 bool 类型的操作步骤

建立程序数据 bool

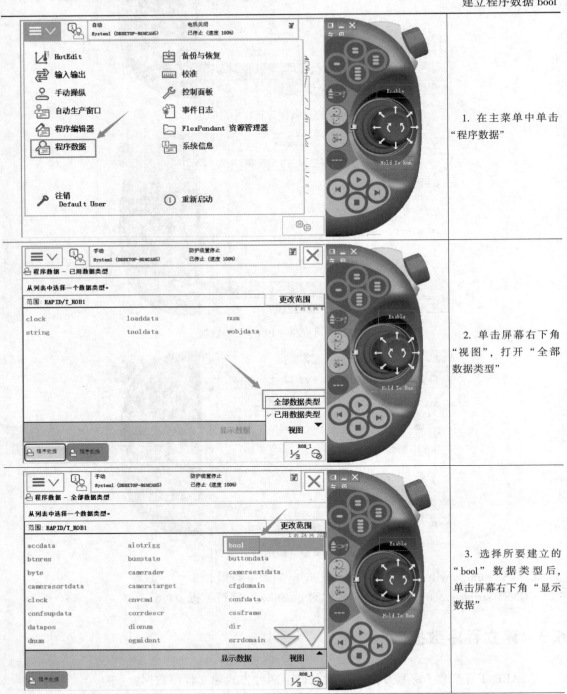

（续）

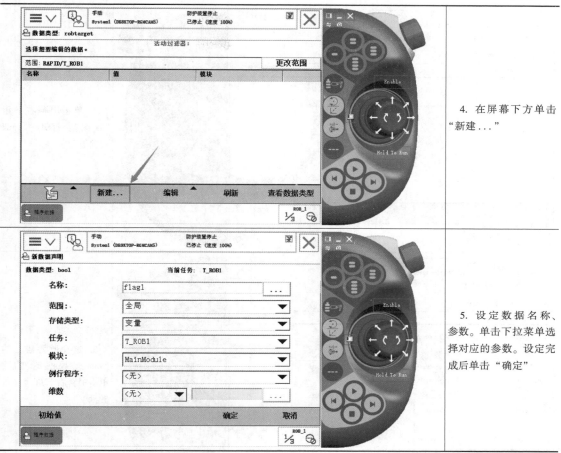

4. 在屏幕下方单击"新建..."

5. 设定数据名称、参数。单击下拉菜单选择对应的参数。设定完成后单击"确定"

建立程序数据 num

6.3.2　建立程序数据 num 类型的操作步骤

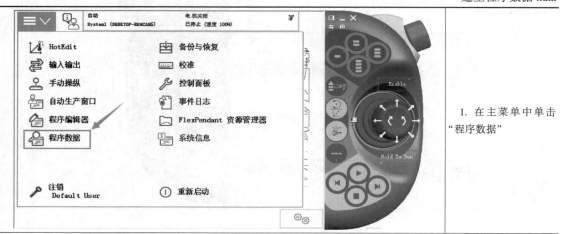

1. 在主菜单中单击"程序数据"

（续）

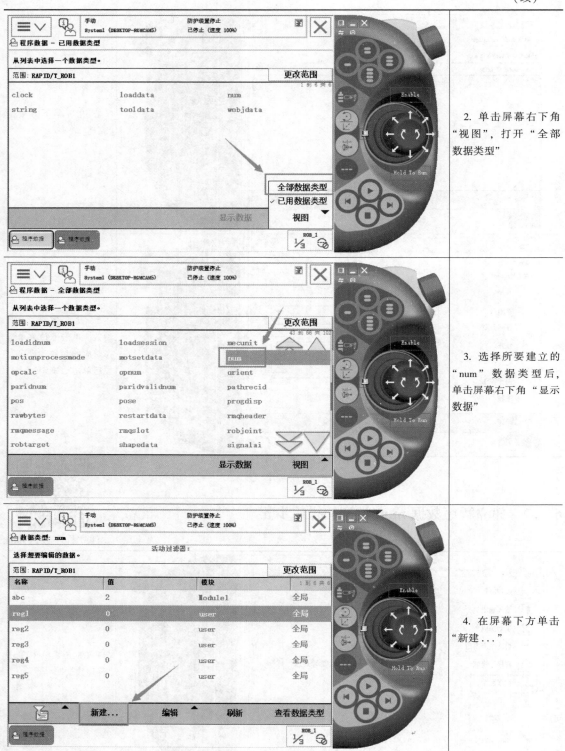

2. 单击屏幕右下角"视图"，打开"全部数据类型"

3. 选择所要建立的"num"数据类型后，单击屏幕右下角"显示数据"

4. 在屏幕下方单击"新建..."

（续）

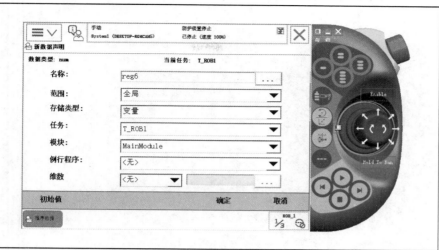

5. 设定数据名称、参数。单击下拉菜单选择对应的参数。设定完成后单击"确定"

6.4　三个关键程序数据的设定

6.4.1　工具数据 tooldata 的设定

工具数据 tooldata

工具数据 tooldata 用于描述安装在机器人第六轴上的工具的 TCP（Tool Center Point，工具中心点）、质量、重心等参数的数据。

一般不同的机器人应配置不同的工具，如弧焊的机器人使用弧焊枪作为工具，如图 6-7 所示。而用于搬运板材的机器人就会使用吸盘式的夹具作为工具。

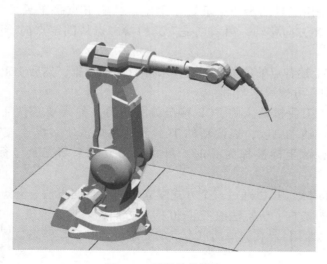

图 6-7　弧焊的机器人

默认工具中心点位于工业机器人法兰盘的中心。如图6-8所示为工业机器人原始的TCP。

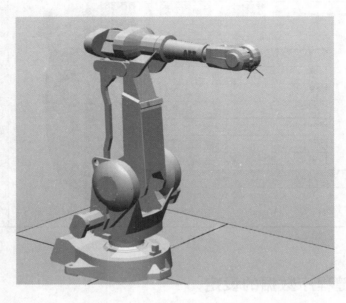

图6-8　工业机器人原始的TCP

工业机器人的TCP数据设定方法：

1）首先在工业机器人工作范围内找一个非常精确的固定点作为参考点。

2）然后在工业机器人已安装的工具上确定一个参考点（最好是工具的中心点）。

3）用手动操纵工业机器人的方法移动工具上的参考点，以四种以上不同的机器人姿态靠近固定点，尽可能地与固定点刚好碰上。为了获得更准确的TCP，可以使用六点法进行操作，第四点是用工具的参考点垂直于固定点，第五点是工具的参考点从固定点向将要设定为TCP的X方向移动，第六点是工具的参考点从固定点向将要设定为TCP的Z方向移动。

4）机器人通过上述各点的位置数据计算求得TCP的数据，然后TCP的数据保存在tooldata这个工具数据中，可被程序调用。

当执行程序时，工业机器人将TCP移至编程位置。如果要更改工具以及工具坐标，工业机器人的移动将随之更改，以便新的TCP到达目标。所有机器人在手腕处都有一个预定义的工具坐标，该坐标被称为tool0。可将一个或多个新工具坐标定义为tool0的偏移值。

工业机器人的tooldata可以通过三个方式建立，分别是四点法、五点法和六点法。四点法不改变tool0的坐标方向，五点法改变tool0的Z方向，六点法改变tool0的X方向和Z方向（在焊接方面尤为常用）。在获取前三个点的姿态位置时，其姿态位置相差越大，最终获取的TCP精度越高。

下面以四点法为例，介绍tooldata数据的建立步骤（工业机器人的工作模式必须为手动模式）。

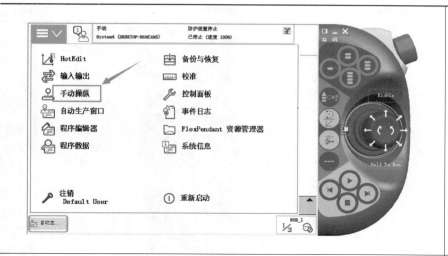

1. 在主菜单中单击"手动操纵"

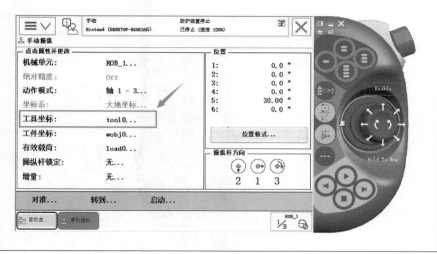

2. 在手动操纵界面内，单击"工具坐标"

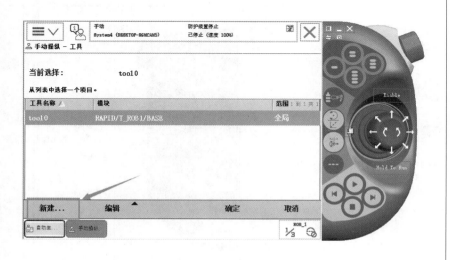

3. 单击左下角"新建.."

（续）

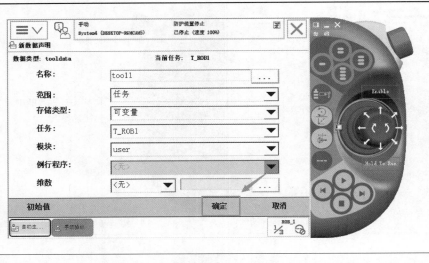

4. 对工具坐标数据属性进行设定，然后单击"确定"

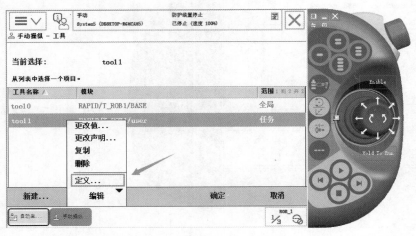

5. 选中新建的"tool1"，单击"编辑"菜单中的"定义…"选项

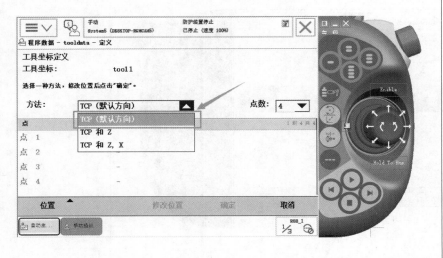

6. 选择"TCP（默认方向）"，使用四点法设定TCP

（续）

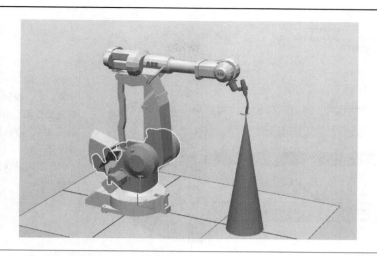

7. 选择合适的手动操纵模式。用操纵杆使工业机器人工具参考点靠上固定点，作为第一个点

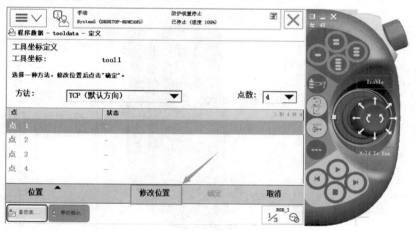

8. 选择"点1"，单击"修改位置"，将点1位置记录为当前点位置

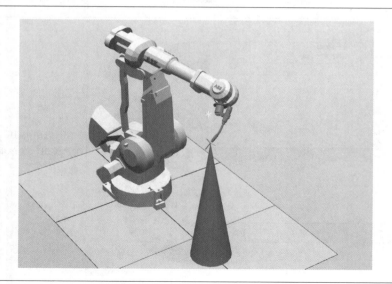

9. 改变工具参考点姿态靠近固定点

（续）

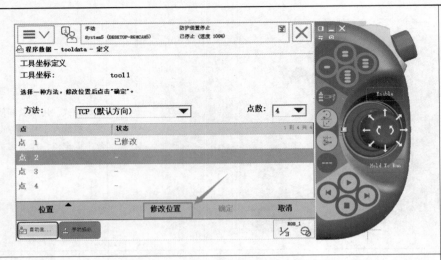

10. 工具参考点位置确定好后，换到工具坐标定义界面，单击"修改位置"，将点位置记录下来

11. 下两点设置方式步骤一样

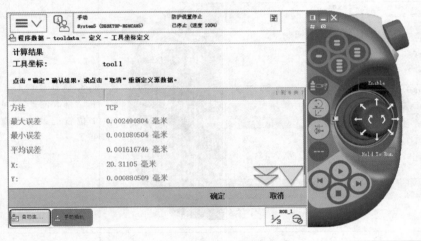

12. 点位置设置完成后单击"确定"

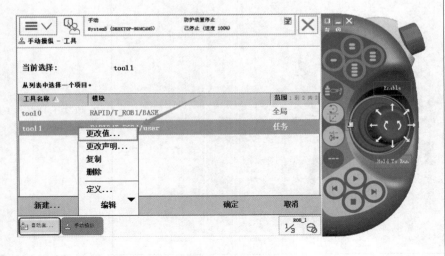

13. 选中tool1，然后在"编辑"菜单中选择"更改值"

（续）

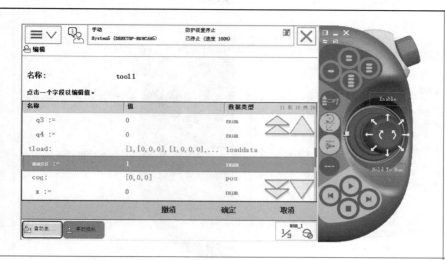

14. 根据实际情况设定工具的质量 mass（单位为 kg）和重心位置数据（工具重心基于 tool0 的偏移值，单位为 mm），然后单击"确定"

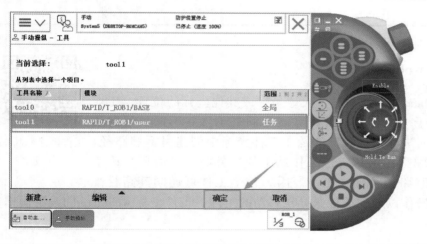

15. 选中 tool1，单击"确定"

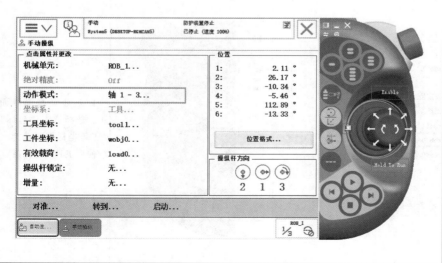

16. 动作模式选定为"重定位"。坐标系统选定为"工具"。工具坐标选定为"tool1"

（续）

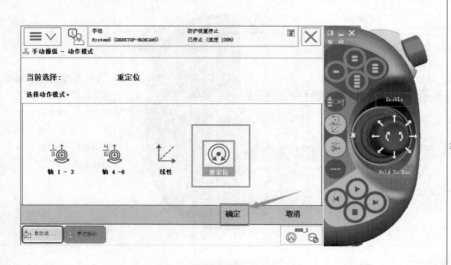

17. 单击"确定"，然后进行调试

6.4.2 工件坐标 wobjdata 的设定

工件坐标 wobjdata 是工件相对于大地坐标或其他坐标的位置。工业机器人可以拥有若干个工件坐标，或者表示同一工件在不同位置的若干副本。工业机器人进行编程时，就是在工件坐标中创建目标和路径。工件坐标 wobjdata 利用工件坐标进行编程，重新定位工作站中的工件时，只需要更改工件坐标的位置，所有路径将随之更新。因为整个工件可连同其路径一起移动，所以允许操作以外轴或传送导轨移动的工件。工件坐标 wobjdata 的设定操作步骤如下：

工件坐标 wobjdata 的设定

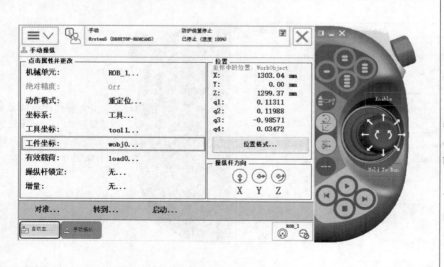

1. 在手动操纵界面中，选择"工件坐标"（工具坐标需要选择当前使用工具的坐标系）

（续）

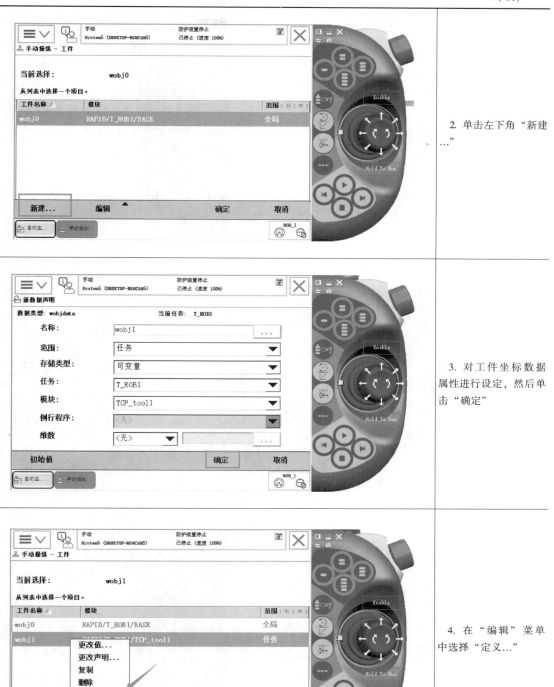

2. 单击左下角"新建
…"

3. 对工件坐标数据属性进行设定，然后单击"确定"

4. 在"编辑"菜单中选择"定义…"

（续）

5. 将"用户方法"设定为"3 点"

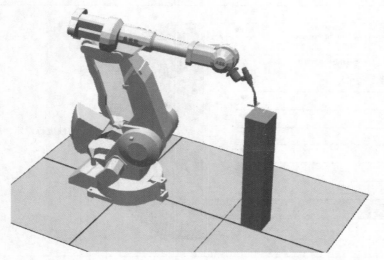

6. 手动操纵机器人的工具参考点，靠近定义工件坐标的 X1 点

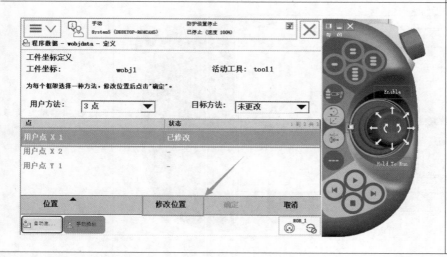

7. 单击"修改位置"，将 X1 点记录下来

（续）

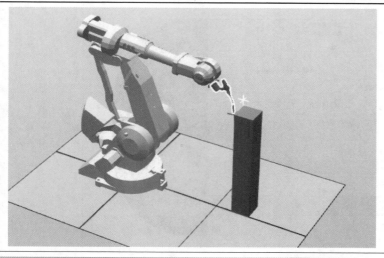

8. 手动操纵机器人的工具参考点，靠近定义工件坐标的X2点

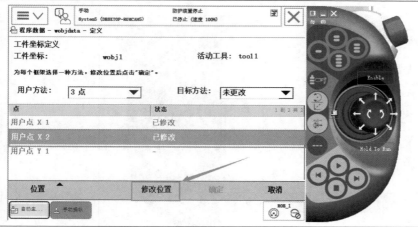

9. 单击"修改位置"，将X2点记录下来

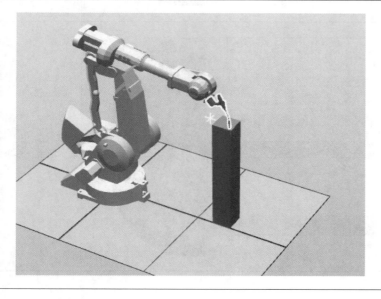

10. 手动操纵机器人的工具参考点，靠近定义工件坐标的Y1点

（续）

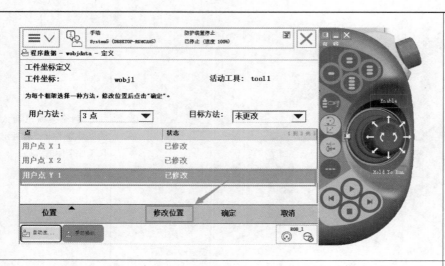

11. 单击"修改位置"，将 Y1 点记录下来，单击"确定"

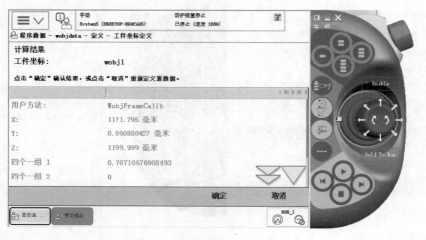

12. 对自动生成的工件坐标数据进行确认，然后单击"确定"

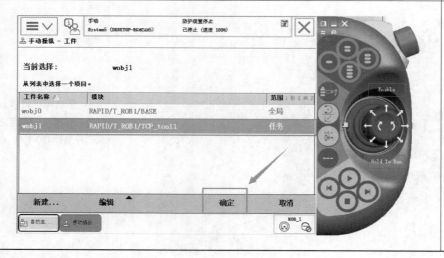

13. 选中"wobj1"后，单击"确定"

6.4.3 有效载荷 loaddata 的设定

对于搬运机器人，必须正确设定夹具的质量、重心数据 loaddata 以及搬运对象的质量和重心数据 loaddata。其中，loaddata 数据是基于工业机器人法兰盘中心 tool0 来设定的。设定有效载荷 loaddata 数据的操作步骤如下：

有效载荷 loaddate 的设定
和工具自动识别程序

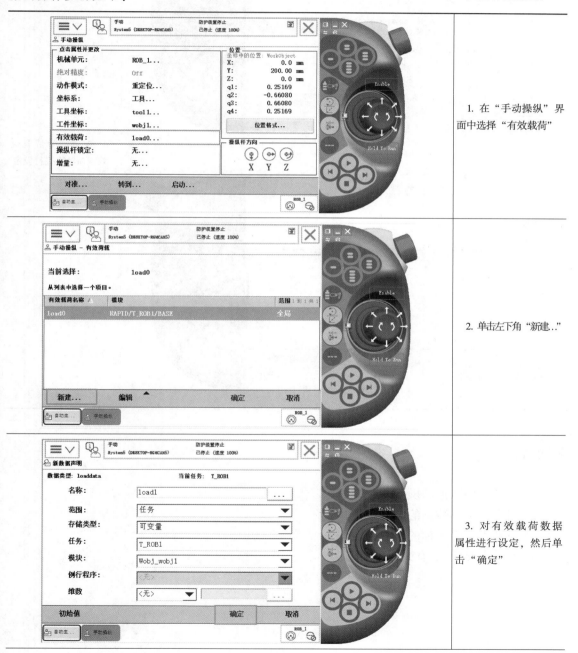

（续）

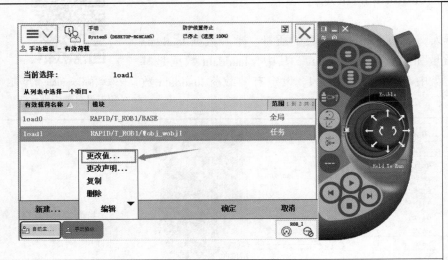
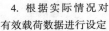

4. 根据实际情况对有效载荷数据进行设定

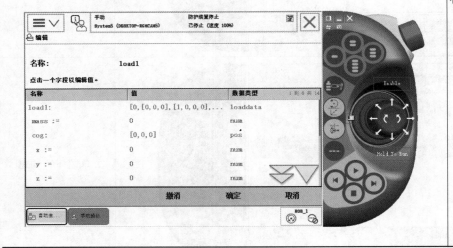

实战训练

1. 建立程序数据的操作。
2. 机器人工具数据的设定操作。
3. 机器人工件坐标的设定操作。
4. 机器人有效载荷的设定操作。

第7章 ABB 机器人的程序编程

RAPID 程序的结构

7.1 RAPID 程序的结构

RAPID 程序中包含了一连串控制机器人的指令，执行这些指令可以实现对 ABB 工业机人的控制。

应用程序是使用 RAPID 编程语言的特定词汇和语法编写而成的。RAPID 是一种英文编程语言，所包含的指令可以移动机器人、设置输出和读取输入，还能实现决策、重复其他指令、构造程序以及与系统操作员交流等功能。RAPID 程序的基本结构见表 7-1。

表 7-1 RAPID 程序的基本结构

程序模块 1	程序模块 2	…	程序模块 n
程序数据			
主程序 main	程序数据	…	程序数据
例行程序	例行程序	…	例行程序
中断程序	中断程序	…	中断程序
功能	功能	…	功能

RAPID 程序的结构说明如下：

1）RAPID 程序是由程序模块和系统模块组成的。一般只通过新建程序模块来构建机器人的程序，而系统模块多用于系统方面的控制。

2）可以根据不同的用途创建多个程序模块，如专门用于主控制的程序模块，用于位置计算的程序模块，用于存放数据的程序模块等。这样便于归类管理不同用途的例行程序与数据。

3）程序模块包含程序数据、例行程序、中断程序和功能四种对象，但不一定在每一个模块中都有这四种对象。程序模块之间的数据、例行程序、中断程序和功能是可以互相调用的。

4）在 RAPID 程序中，只有一个主程序 main 并且存在于任意一个程序模块中，作为整个 RAPID 程序执行的起点。

7.2 建立程序模块与例行程序

建立程序模块与例行程序的步骤如下：

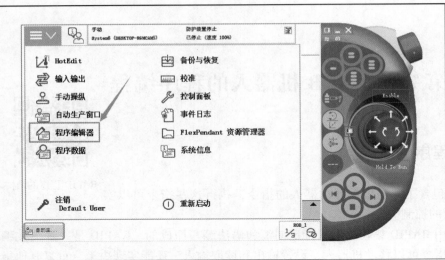

1. 在主菜单中单击"程序编辑器",建立RAPID程序

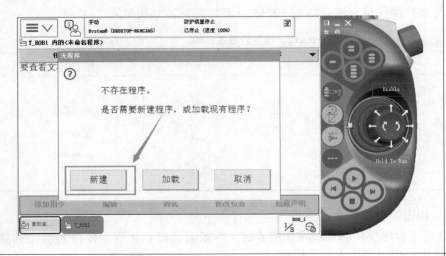

2. 单击"新建"按钮新建程序或单击"加载"按钮加载已有程序

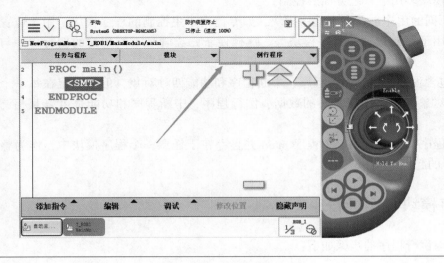

3. 单击"例行程序",查看例行程序

（续）

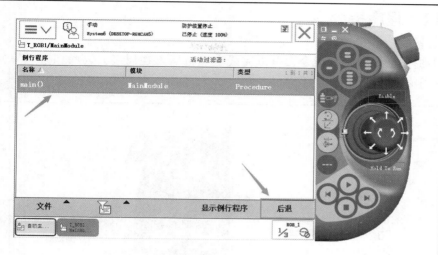

4. 单击"后退"，在弹出的界面中单击"模块"来查看模块

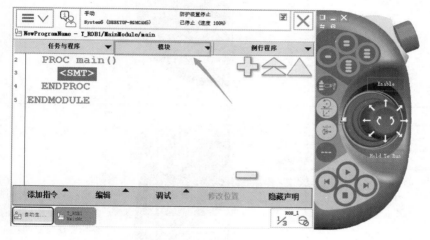

5. 在"模块"和"例行程序"界面中，单击"文件"，选择"新建模块"或"例行程序"

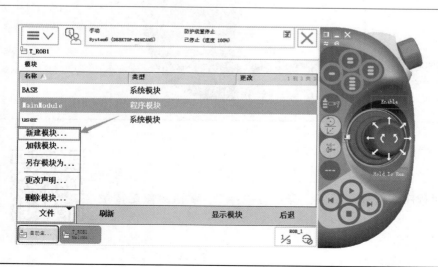

7.3 常用 RAPID 程序指令

ABB 工业机器人提供了多种编程指令，可以完成工业机器人在焊接、码垛和搬运等方面的应用。下面从常用的指令开始介绍编程。

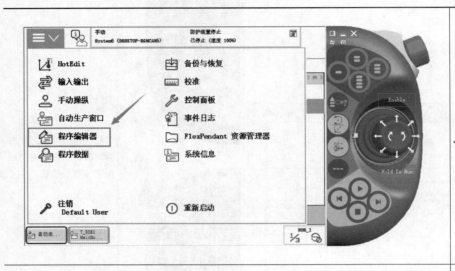

1. 在主菜单中单击"程序编辑器"

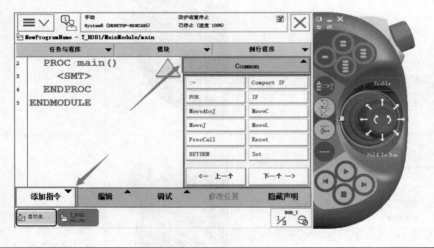

2. 选中要插入的程序位置，单击"添加指令"选择需要的指令。单击"Common"可切换其他分类的指令列表

7.3.1 赋值指令

赋值指令用于对程序数据进行赋值，符号为"：="，赋值对象是常量或数学表达式。

常量赋值：regl：=17；

数学表达式赋值：reg2：=regl+8；

赋值指令

添加常量赋值指令的操作步骤如下：

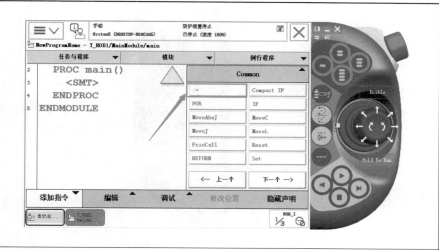

1. 在例行程序中选择 ":="

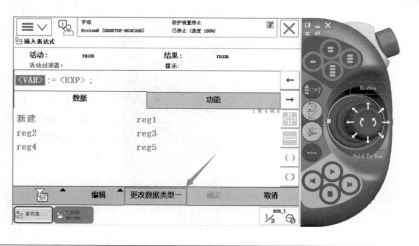

2. 单击 "更改数据类型…"

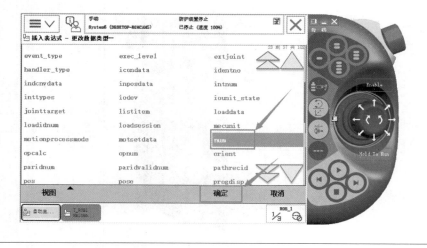

3. 选择 "num" 数据类型，单击 "确定"

（续）

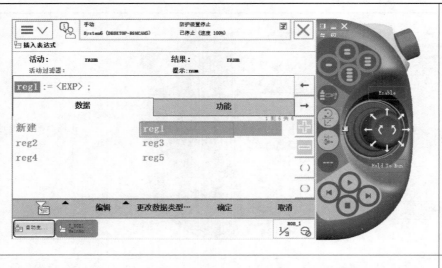

4. 选中所要赋值的数据，如reg1

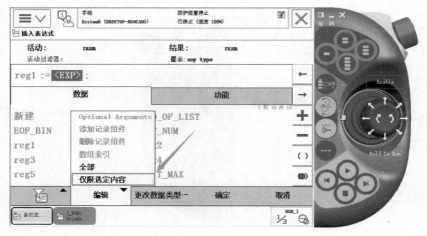

5. 选中"＜EXP＞"，打开"编辑"菜单，选择"仅限选定内容"

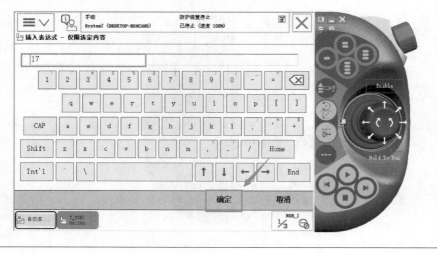

6. 通过数字键输入"17"，然后单击"确定"

（续）

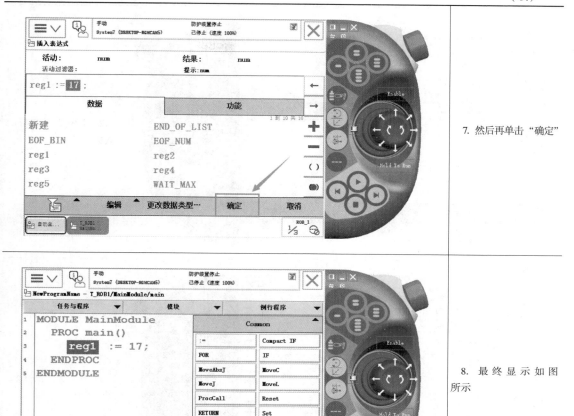

7. 然后再单击"确定"

8. 最终显示如图所示

带数字表达式的赋值指令操作步骤如下：

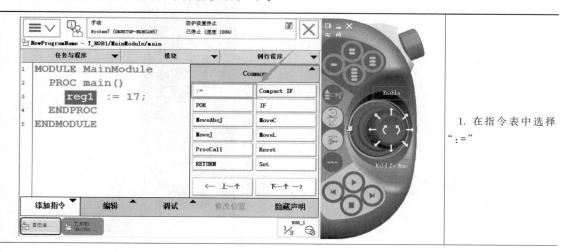

1. 在指令表中选择":="

（续）

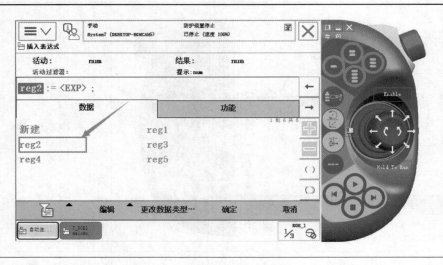

2. 选中所要赋值的数据，如 reg2

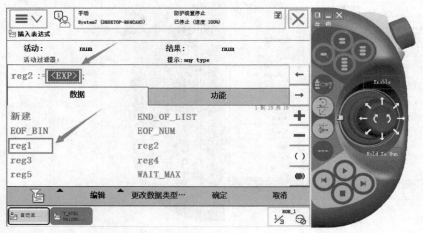

3. 选中"＜EXP＞"和"reg1"

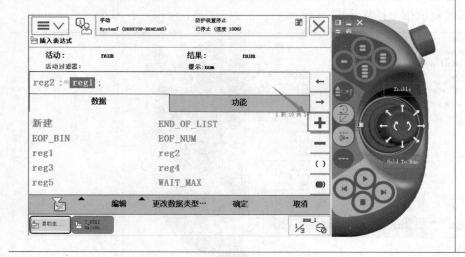

4. 单击"+"按钮

（续）

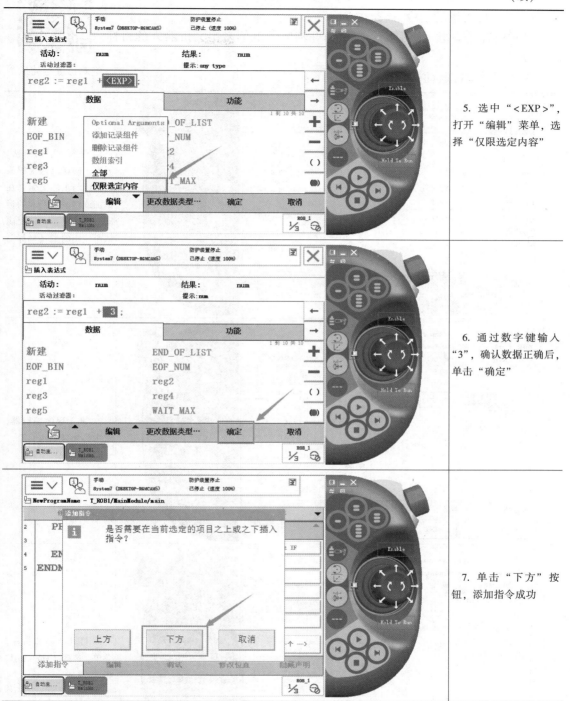

5. 选中"<EXP>"，打开"编辑"菜单，选择"仅限选定内容"

6. 通过数字键输入"3"，确认数据正确后，单击"确定"

7. 单击"下方"按钮，添加指令成功

7.3.2 机器人运动指令

工业机器人在空间中主要有关节运动（MoveJ）、线性运动（MoveL）、圆弧运动

（MoveC）和绝对位置运动（MoveAbsJ）四种方式。

1. 绝对位置运动指令

绝对位置运动指令使用 6 个内轴和外轴的角度值来定义机器人的目标位置数据。

添加绝对位置运动指令操作步骤如下：

绝对位置运动指令

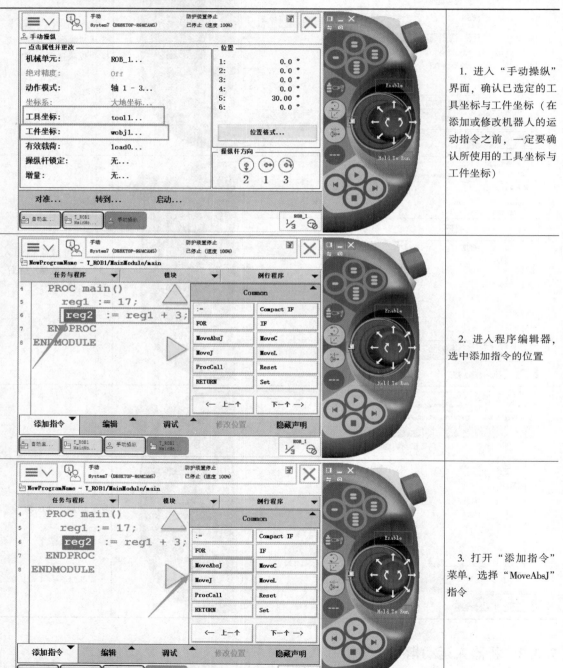

操作步骤	说明
	1. 进入"手动操纵"界面，确认已选定的工具坐标与工件坐标（在添加或修改机器人的运动指令之前，一定要确认所使用的工具坐标与工件坐标）
	2. 进入程序编辑器，选中添加指令的位置
	3. 打开"添加指令"菜单，选择"MoveAbsJ"指令

（续）

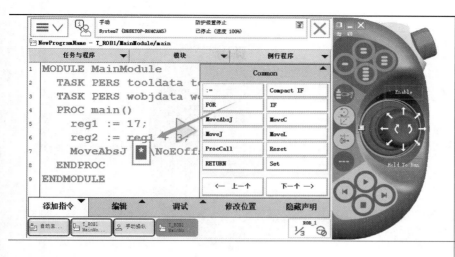

4. 选择"＊"并单击

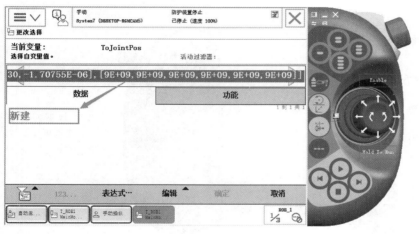

5. 单击"新建"按钮，为选中的标点命名后，单击"确定"

（续）

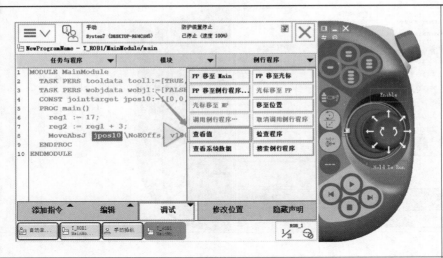

6. 单击"调试"按钮，选择"查看值"

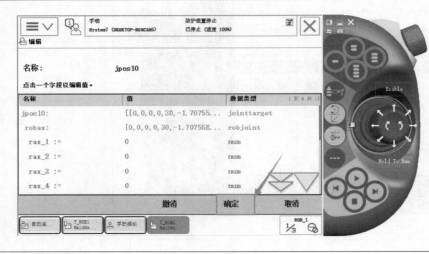

7. 根据实际情况，设定工业机器人各轴的数据后单击"确定"

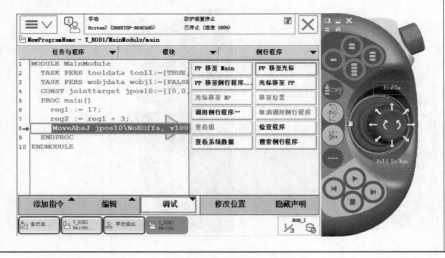

8. 选中"MoveAbsJ"这一行程序，单击"调试"中"PP 移至光标"运行程序

绝对位置运动指令 MoveAbsJ 用于将机械臂和外轴移动至轴位置中指定的绝对位置。MoveAbsJ 的格式如下：

    MoveAbsJ ＊\NoEOffs,v1000,z50,tool0\Wobj：=wobj1

指令解析：

MoveAbsJ：绝对位置运动指令；

＊：目标点位置数据；

\NoEOffs：外轴不带偏移数据；

v1000：运动速度数据，1000 mm/s；

z50：转弯区数据；

tool0：工具坐标数据。

程序所表达的是通过速度数据 v1000 和区域数据 z50，机械臂以及工具 tool0 得以沿非线性路径运动至绝对轴位置。

关节运动指令

2. 关节运动指令

关节运动指令用于在对路径精度要求不高的情况下，定义工业机器人的 TCP 点从一个位置移动到另一个位置的运动，两个位置之间的路径不一定是直线。机器人关节运动轨迹如图 7-1 所示。

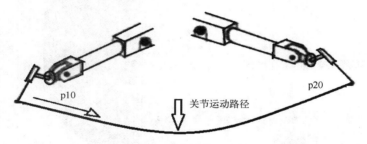

图 7-1　机器人关节运动轨迹

关节运动指令 MoveJ 的格式如下：

    MoveJ p10,v1000,z50,tool0\Wobj：=wobj1

指令解析：

MoveJ：关节运动指令；

p10：目标点位置数据；

v1000：运动速度数据，1000 mm/s；

z50：转弯区数据；

tool0：工具坐标数据。

程序所表达的是将工具的工具中心点 tool0 沿非线性路径移动至位置 p10（p20），其速度数据为 v1000，区域数据为 z50。

关节运动适合机器人在大范围运动时使用，不容易在运动过程中出现关节轴进入机械死点的问题。关节运动指令编程操作步骤如下：

ABB工业机器人应用技术

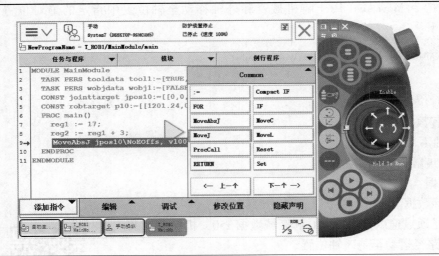

1. 进入程序编辑器，选中添加指令位置，单击"MoveJ"

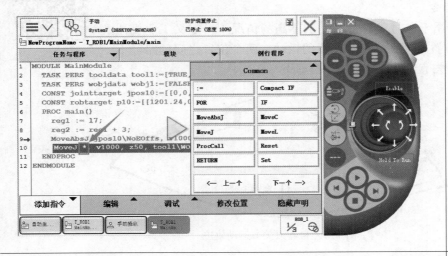

2. 选择"*"并单击

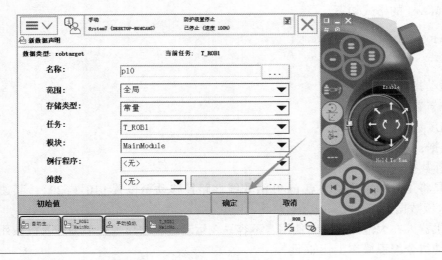

3. 单击"新建"按钮，为选中的标点命名后，单击"确定"

（续）

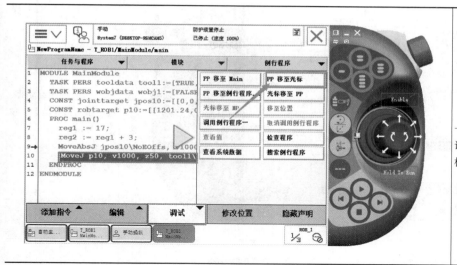

4. 选中 "MoveJ" 这一行程序，单击 "调试" 中的 "PP 移至光标" 运行程序

3. 线性运动指令

线性运动是指工业机器人的 TCP 从起点到终点之间的路径始终保持为直线。一般在焊接、涂胶等对路径要求较高的场合常使用线性运动指令 MoveL。机器人线性运动轨迹如图 7-2 所示。

线性运动指令

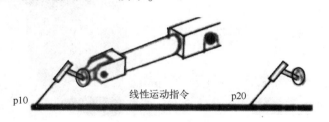

图 7-2　线性运动轨迹

线性运动指令 MoveL 格式如下：

$$MoveL\ p10, v1000, fine, z50, tool0\backslash Wobj := wobj1$$

指令解析：

MoveL：线性运动指令；

p10：目标点位置数据；

fine：TCP 到达目标点，在目标点速度降为 0；

v1000：运动速度数据，1000 mm/s；

z50：转弯区数据；

tool0：工具坐标数据。

程序所表达的是将工具的工具中心点 tool0 沿线性路径移动至位置 p10（p20），其速度数据为 v1000，区域数据为 z50。线性运动指令 MoveL 编程操作步骤如下：

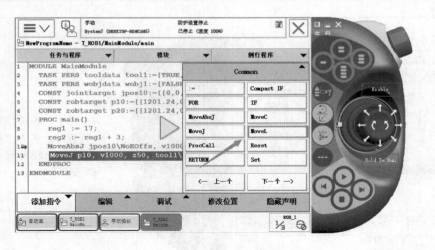

1. 进入程序编辑器，选中添加指令位置，单击"MoveL"

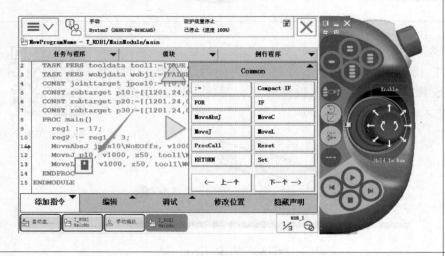

2. 选择"*"并单击

3. 单击"新建"按钮，为选中的标点命名后，单击"确定"

（续）

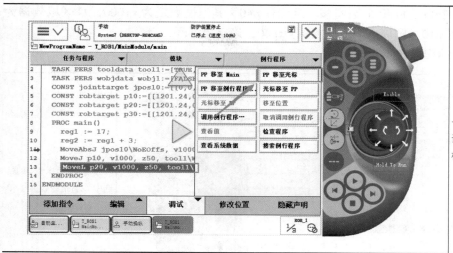	4. 选中"MoveL"这一行程序，单击"调试"中的"PP 移至光标"运行程序

4. 圆弧运动指令

圆弧运动指令是指在机器人可达的控制范围内定义三个点，第一个点是圆弧的起点，第二个点用于定义圆弧的曲率，第三个点是圆弧的终点。机器人圆弧运动轨迹如图 7-3 所示。

圆弧运动指令

圆弧运动指令 MoveC 的格式如下：

MoveL p10, v1000, fine, z50, tool0\Wobj: = wobj1

MoveC p30, p40, v1000, z50, tool0\Wobj: = wobj1

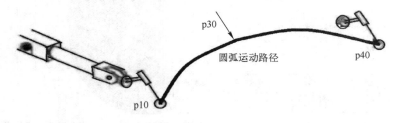

图 7-3　圆弧运动轨迹

指令解析：

MoveL：线性运动指令；

p10：圆弧的第一个点；

p30：圆弧的第二个点；

p40：圆弧的第三个点；

fine：TCP 到达目标点，在目标点速度降为 0；

v1000：运动速度数据，1000 mm/s；

z50：转弯区数据；

tool0：工具坐标数据。

程序所表达的是将工具的工具中心点 tool0 沿线性路径移动至位置 p10，其速度数据为

v1000，区域数据为 z50。

将工具的工具中心点 tool0 沿圆周移动至位置 p40，其速度数据为 v1000，且区域数据为 z50。根据起始位置 p10、圆周点 p30 和目的点 p40，确定该循环。

圆弧运动指令编程操作步骤如下：

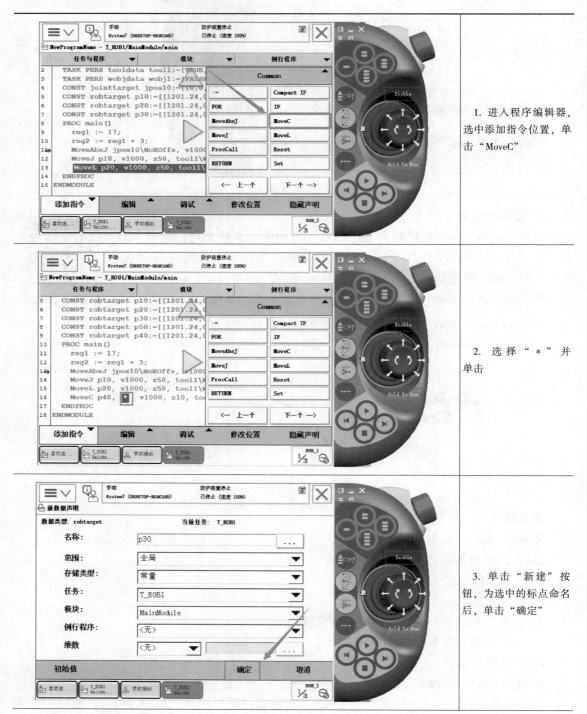

1. 进入程序编辑器，选中添加指令位置，单击"MoveC"

2. 选择 " * " 并单击

3. 单击"新建"按钮，为选中的标点命名后，单击"确定"

（续）

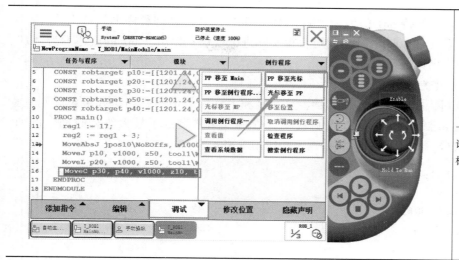

4. 选中"MoveC"这一行程序，单击"调试"中的"PP 移至光标"运行程序

7.3.3 I/O 控制指令

I/O 控制指令用于控制 I/O 信号，以达到与机器人周边设备进行通信的目的。

1. Set 数字信号置位指令

Set 数字信号置位指令用于将数字输出（Digital Output）置位为"1"。例如，do1 为数字输出信号，相应指令格式为：

Set do1;

2. Reset 数字信号复位指令

Reset 数字信号复位指令用于将数字输出（Digital Output）置位为"0"。如果在 Set、Reset 指令前有运动指令 MoveJ、MoveL、MoveC、MoveAbsJ 的转弯区数据，必须使用 Fine 才可以准确地输出 I/O 信号状态的变化。相应指令格式为：

Reset do1;

3. WaitDI 数字输入信号判断指令

WaitDI 数字输入信号判断指令用于判断数字输入信号的值是否与目标一致。例如，di1 为数字输入信号，相应指令格式为：

WaitDI di1,1;

在执行此指令时，等待 di1 的值为"1"。如果 di1 为"1"，则程序继续往下执行；如果到达最大等待时间（如 300 s，此时间可根据实际进行设定）以后，di1 的值还不为"1"，则机器人报警或进入出错处理程序。

4. WaitDO 数字输出信号判断指令

WaitDO 数字输出信号判断指令用于判断数字输出信号的值是否与目标一致。相应指令格式为：

```
WaitDO do1,1;
```

在执行此指令时，等待 do1 的值为"1"。如果 do1 为"1"，则程序继续往下执行；如果到达最大等待时间（如 300 s，此时间可根据实际进行设定）以后，do1 的值还不为"1"，则机器人报警或进入出错处理程序。

5. WaitUntil 信号判断指令

WaitUntil 信号判断指令可用于布尔量、数字量和 I/O 信号值的判断。如果条件到达指令中的设定值，程序继续往下执行；否则就一直等待，除非设定了最大等待时间。例如，flag1 为布尔量型数据，num1 为数字型数据，相应指令格式为：

```
WaitUntil di1 = 1;
WaitUntil do1 = 0;
WaitUntil flag1 = TURE;
WaitUntil num1 = 8;
```

7.3.4 条件逻辑判断指令

条件逻辑判断指令用于对条件进行判断后，执行相应的操作。该指令是 RAPID 程序中的重要组成部分。

1. CompactIF 紧凑型条件判断指令

CompactIF 紧凑型条件判断指令用于当一个条件满足了以后，就执行一句指令。指令格式为：

```
CompactIF flag1 = TRUE Set do1;
```

指令解析：如果 flag1 的状态为 TRUE，则 do1 被置位为"1"。

2. IF 条件判断指令

IF 条件判断指令用于根据不同的条件执行不同的指令。示例程序如下：

```
IF num1 = 1 THEN
    Flag1 : = TURE;
    ELSEIF num1 = 2 THEN
    Flag1 : = FALSE;
    ELSE
    Set do1;
ENDIF
```

指令解析：如果 num1 为"1"，则 flag1 会赋值为 TRUE；如果 num1 为"2"，则 flag1 会赋值为 FALSE；除了以上两种条件之外，则执行 do1 置位为"1"。判定的条件数量可以根据实际情况进行增加与减少。

3. FOR 重复执行判断指令

FOR 重复执行判断指令适用于一个或多个指令需要重复执行数次的情况。示例程序如下：

```
FOR i FROM 1 TO 6 DO
```

Routine1

ENDFOR

指令解析：例行程序 Routinet1 将重复执行 6 次。

4. WHILE 条件判断指令

WHILE 条件判断指令用于在给定条件满足的情况下，一直重复执行对应的指令。示例
程序如下：

WHILE num1>num2 DO

num1：=num1-1

ENDWHILE

指令解析：在 num1>num2 条件满足的情况下，一直执行 num1：=num1-1 的操作。

7.3.5 其他常用指令

1. ProcCall 调用例行程序指令

通过使用此指令可在指定的位置调用例行程序，操作步骤如下：

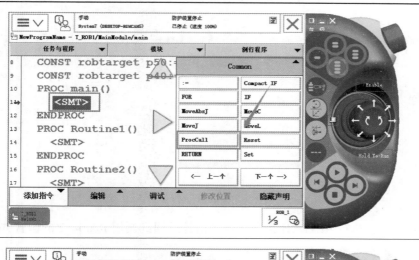

1. 选中 "< SMT >"
为要调用的例行程序，
添加指令的列表中选择
"ProcCall" 指令

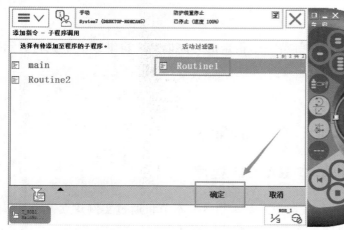

2. 选中需要调用的
例行程序 Routine1，然
后单击 "确定"

（续）

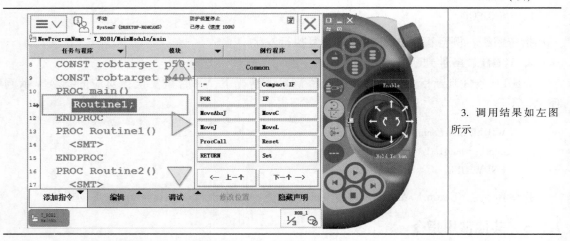

3. 调用结果如左图所示

2. RETURN 返回例行程序指令

RETURN 为返回例行程序指令，当此指令被执行时，则马上结束本例行程序的执行，程序指针将返问到调用此例行程序的位置，示例程序如下：

```
PROC Routine1( )
MoveL p10,v200,tool1\Wobj:=wobj1;
Routine2;
Set do1
PROC Routine2( )
IF di1=1 THEN
RETURE
ELSE
Stop;
ENDIF
ENDPROC
```

指令解析：当 di1=1 时，执行 RETURE 指令，程序指针返回到调用 Routine2 的位置并继续向下执行 Set do1 这个指令。

3. WaitTime 时间等待指令

WaitTime 时间等待指令用于程序在等待一个指定的时间以后，再继续向下执行。示例程序如下：

```
WaitTime 4;
Reset do1;
```

指令解析：等待 4 s 后，程序向下执行 Reset do1 指令。

7.4　建立一个可以运行的基本 RAPID 程序

前面介绍了 RAPID 程序编制的相关操作及基本指令。本节将通过实例建立一个可以运行的基本 RAPID 程序，进一步说明程序建立与运动调试的方法。

编制基本 RAPID 程序的流程如下：

（1）确定需要多少个程序模块。程序模块的数量是由应用的复杂性所决定的，如可以将位置计算、程序数据、逻辑控制等分配到不同的程序模块，方便管理。

（2）确定各个程序模块中要建立的例行程序，不同的功能就放到不同的例行程序中去，如夹具打开、夹具关闭这样的功能就可以分别建立成例行程序，方便调用与管理。

7.4.1　建立 RAPID 程序实例

在编制本实例程序前，已建立 board10 和 di1。具体编程操作步骤如下：

建立 RAPID 程序实例

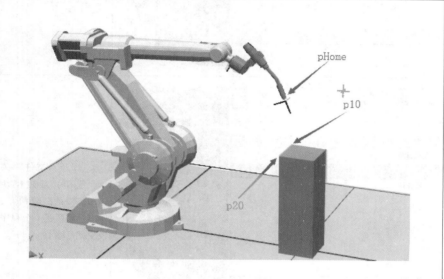

1. 确定工作要求。当机器人空闲时，在位置点 pHome 等待；当外部信号 di1 输入为"1"时，机器人沿着物体的一条边从 p10 点到 p20 点走一条直线，结束以后回到 pHome 点

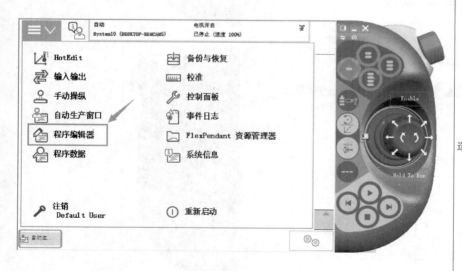

2. 在 ABB 主菜单中，选择"程序编辑器"

（续）

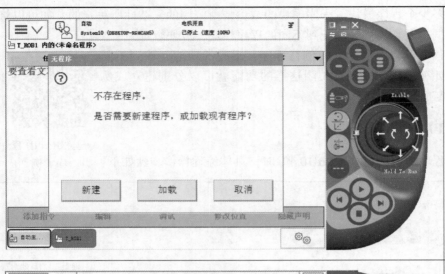

3. 如果系统中不存在程序，会出现左图所示对话框。单击"取消"按钮即可

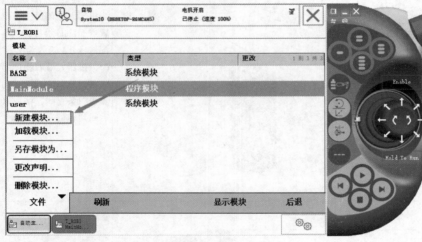

4. 打开"文件"菜单，选择"新建模块…"。本例比较简单，所以只需新建一个程序模块就足够了

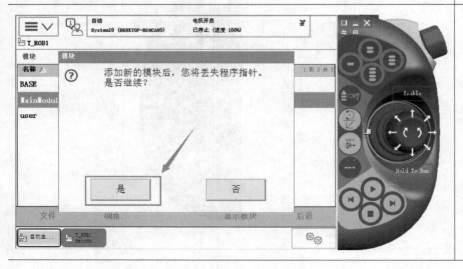

5. 单击"是"按钮

（续）

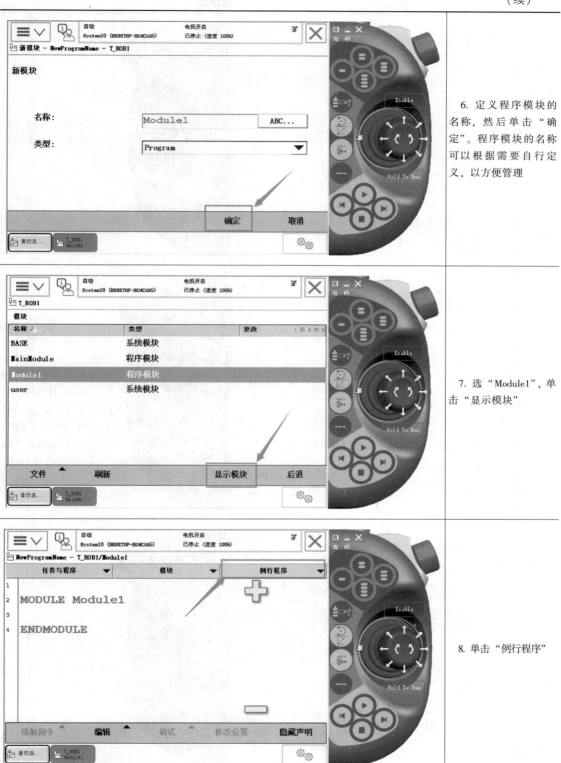

6. 定义程序模块的名称，然后单击"确定"。程序模块的名称可以根据需要自行定义，以方便管理

7. 选"Module1"，单击"显示模块"

8. 单击"例行程序"

（续）

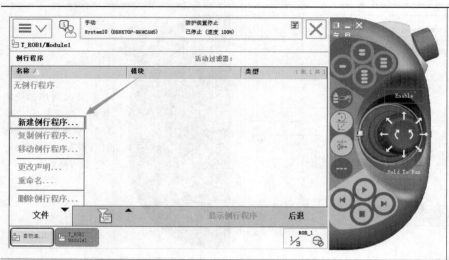

9. 打开"文件"菜单，单击"新建例行程序…"

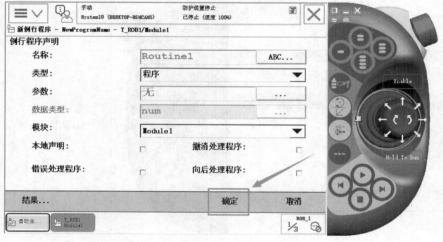

10. 首先建立一个主程序 main，然后单击"确定"，根据第9、10步建立相关的例行程序。rHome 程序用于机器人回等待位；rInitAll 程序用于初始化；rMoveRoutine 程序用于存放直线运动路径

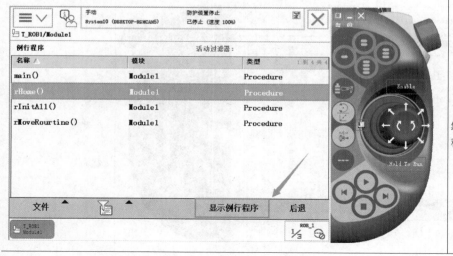

11. 选择"rHome"，然后单击"显示例行程序"

（续）

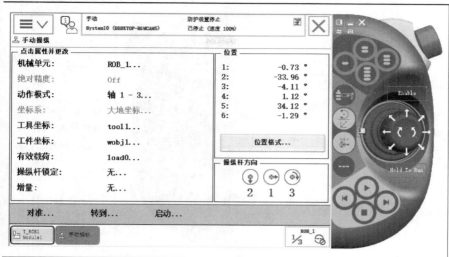

12. 切换到"手动操纵"界面内，确认已选中要使用的工具坐标与工件坐标

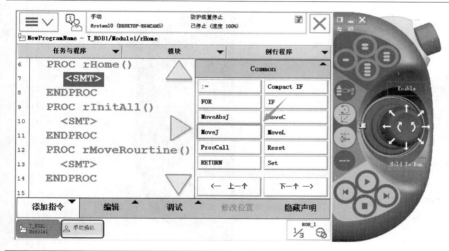

13. 回到程序编辑器，单击"添加指令"，打开指令列表。选中"<SMT>"为插入指令的位置，在指令列表中选择"MoveJ"

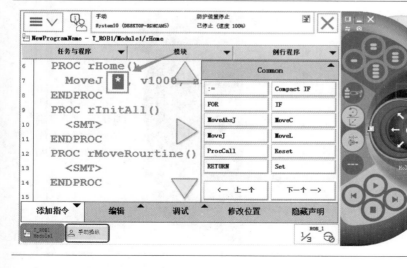

14. 双击"＊"号，进入指令参数修改界面

（续）

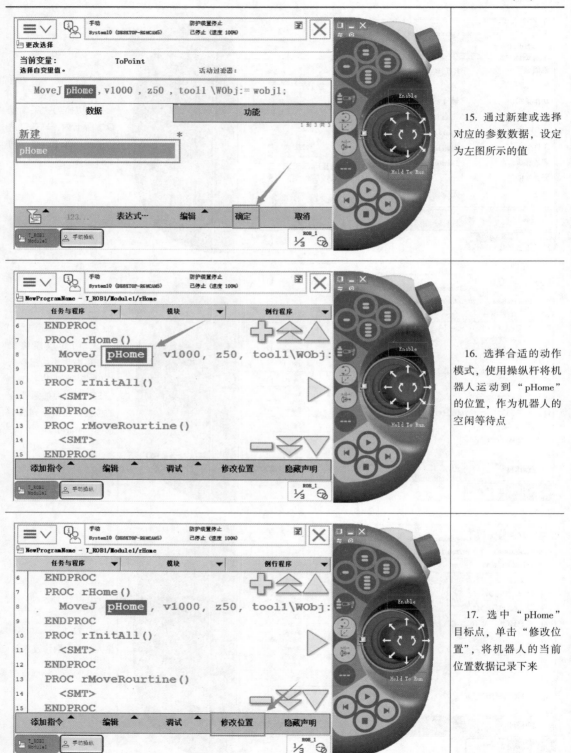

15. 通过新建或选择对应的参数数据，设定为左图所示的值

16. 选择合适的动作模式，使用操纵杆将机器人运动到"pHome"的位置，作为机器人的空闲等待点

17. 选中"pHome"目标点，单击"修改位置"，将机器人的当前位置数据记录下来

（续）

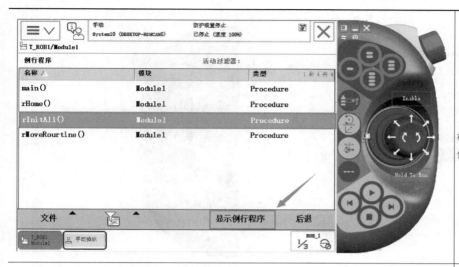

18. 单击"例行程序"标签，选中"rInitAll"例行程序

19. 在此例行程序中，加入在程序正式运行前，需要做初始化的内容，如速度限定、夹具复位等，具体根据实际需要添加。这里，在例行程序 rInitAll 中增加了两条速度控制指令（在添加指令列表的 Setting 类别中），并调用了回等待位的例行程序 rHome

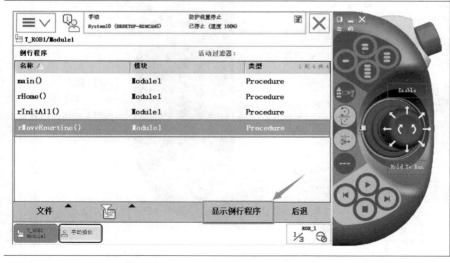

20. 单击"例行程序"，选择"rMoveRoutine"例行程序，然后单击"显示例行程序"

（续）

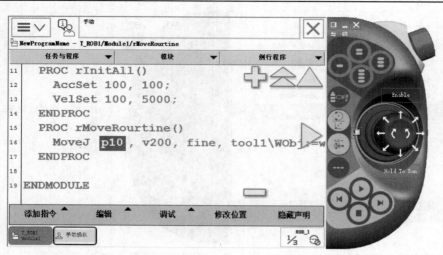

21. 添加"MoveJ"指令，并将参数设定为如左图所示的值

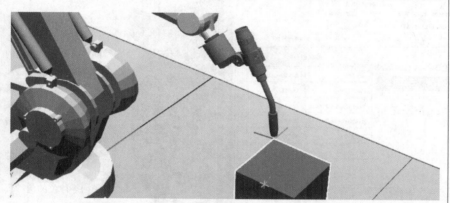

22. 选择合适的动作模式，使用操纵杆将机器人运动到左图所示的位置，作为机器人的p10点

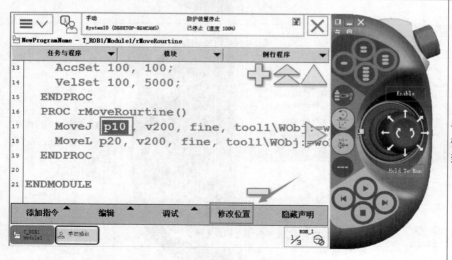

23. 选中"p10"点，单击"修改位置"，将机器人的当前位置记录到p10中

（续）

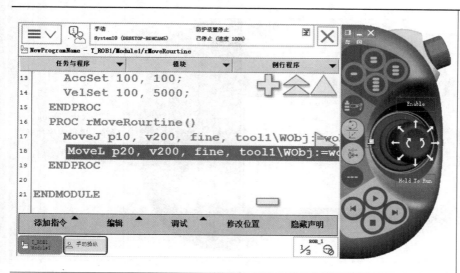

24. 添加"MoveL"指令，并将参数设置为如左图所示的值

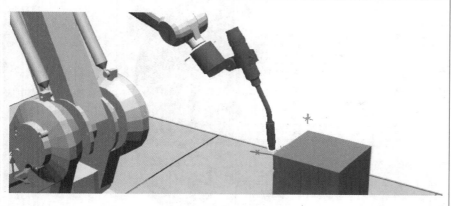

25. 选择合适的动作模式，使用操纵杆将机器人运动到左图所示的位置，作为机器人的 p20 点

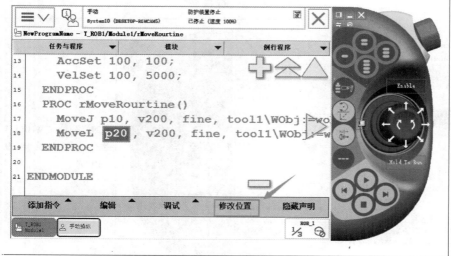

26. 选中"p20"点，单击"修改位置"，将机器人的当前位置记录到 p20 中。单击"例行程序"

（续）

27. 选中"main"主程序，进行程序执行主体架构的设定

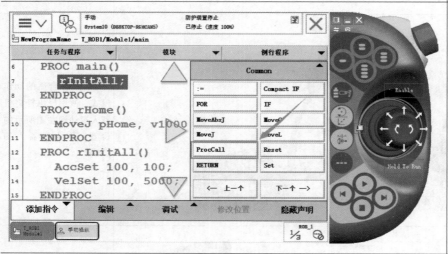

28. 在指令列表中选择"ProcCall"指令调用初始化例行程序

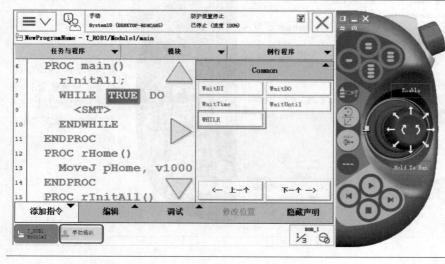

29. 添加"WHILE"指令，条件设定为"TRUE"

（续）

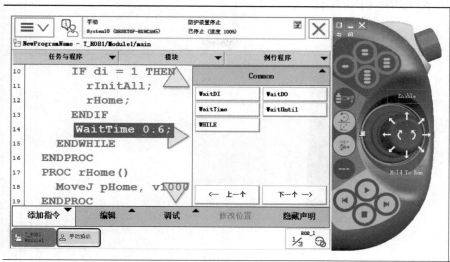

30. 添加"IF"指令到左图所示位置。使用WHILE指令构建一个死循环的目的在于将初始化程序与正常运行的路径程序隔离开。初始化程序只在一开始时执行一次，然后就根据条件循环执行路径运动

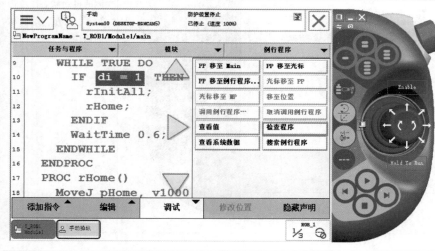

31. 打开"调试"菜单。单击"检查程序"，对程序的语法进行检查

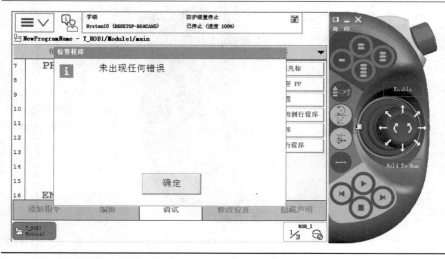

32. 单击"确定"按钮，完成程序检查。如果有错，系统会提示出错的具体位置与操作建议

7.4.2　RAPID程序自动运行的操作

RAPID程序自动运行的操作步骤如下：

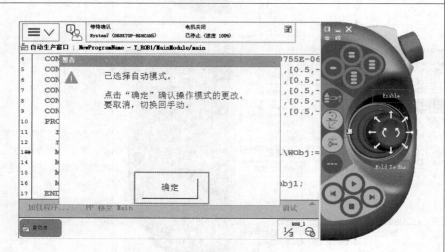

1. 将状态钥匙旋至左侧的自动状态。单击"确定"按钮，确认状态的切换

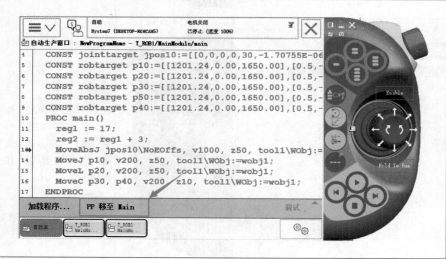

2. 单击"PP移至Main"，将程序指针指向主程序的第一句指令

（续）

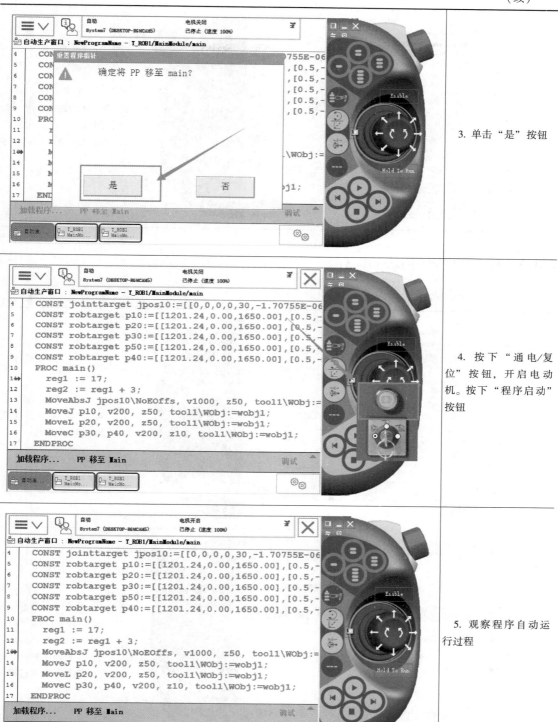

3. 单击"是"按钮

4. 按下"通电/复位"按钮，开启电动机。按下"程序启动"按钮

5. 观察程序自动运行过程

（续）

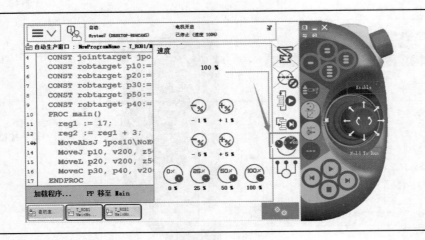

6. 单击快捷菜单按钮，单击速度按钮（第五个），可以在此设定机器人的运动速度

7.4.3　RAPID 程序模块的保存

RAPID 程序模块保存的操作步骤如下：

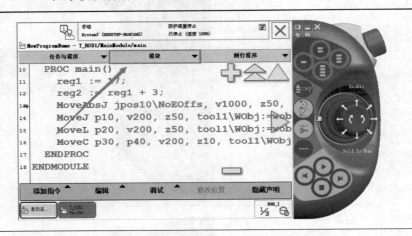

1. 进入程序编辑器，单击"模块"。选中需要保存的程序模块

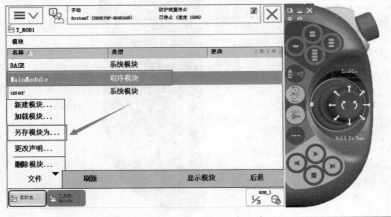

2. 打开"文件"菜单，选择"另存模块为…"，将程序模块保存到机器人的硬盘或 U 盘中。"删除模块…"用于将模块从程序运行内存中关闭

（续）

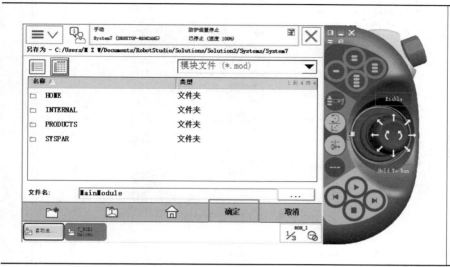

3. 选择指定的文件夹后单击"确定"，即完成保存操作

7.5　功能的指令

ABB 机器人 RAPID 编程中的功能（FUNCTION）类似于指令，并且在执行完了以后可以返回一个数值。

使用功能可以有效地提高编程和程序执行的效率。

1. 功能简介

（1）功能 Abs

作用：Abs 求绝对值，即数值数据的正值。

实例：

　　reg1 : = Abs(reg5);

功能 Abs 是对操作数 reg5 进行取绝对值的操作，然后将其结果赋值给 reg1。

（2）功能 Offs

作用：Offs 用于在物体坐标系中向机器人位置添加偏移量。

实例：

　　p20: = offs(p10,100,200,300);

功能 Offs 的作用是基于位置目标点 p10 在 X 方向偏移 100mm，Y 方向偏移 200 mm，Z 方向偏移 300 mm。

2. 添加功能 Abs、Offs 的操作方法

（1）添加功能 Abs 的操作步骤

1）打开 RobotStudio 软件，新建程序，单击"添加指令"，选择赋值指令，如图 7-4 所示。

2）单击"更改数据类型…"，选择"num"数据类型，然后单击"确定"，再选择"reg1"，如图 7-5 所示。

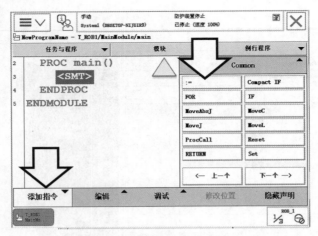

图 7-4　添加功能指令的赋值指令画面

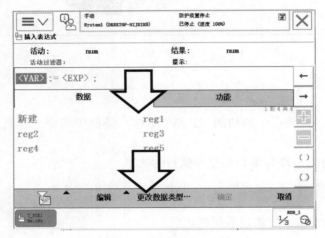

图 7-5　reg1 指令画面

3）单击等号右方<EXP>，单击"功能"，再单击"Abs( )"，如图 7-6 所示。

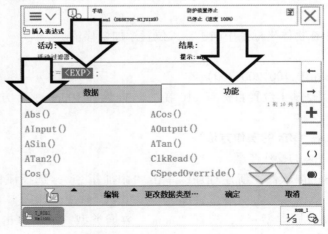

图 7-6　"Abs( )"指令界面

4）单击"更改数据类型…"，选择"num"数据类型，再选择"reg5"，最后单击"确定"完成操作，如图7-7所示。

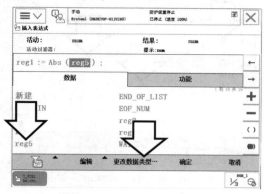

图7-7　Abs（reg5）界面

（2）添加功能Offs的操作步骤

1）单击"添加指令"，选择赋值指令，如图7-8所示。

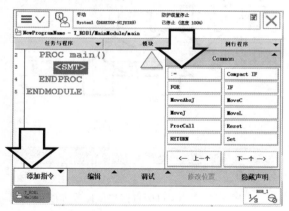

图7-8　功能Offs指令界面

功能指令Offs

2）单击"更改数据类型…"，选择"robtarget"数据类型，再选择变量点位"p20"，最后单击"确定"完成操作，如图7-9所示。

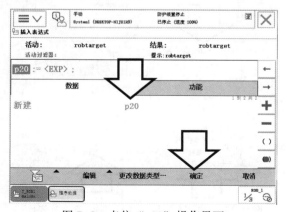

图7-9　点位"p20"操作界面

3）单击等号右方<EXP>，单击"功能"，再单击"Offs( )"，如图7-10所示。

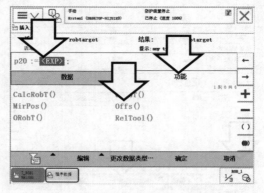

图7-10　添加 Offs 偏移指令界面

4）修改 Offs 目标点偏移值，Offs 参数从左至右依次为目标点位、X 轴偏移量、Y 轴偏移量和 Z 轴偏移量，如图7-11所示。

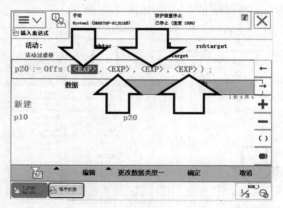

图7-11　Offs 目标点偏移值修改界面

5）首先选择目标点位"p10"，再单击"编辑"，接着单击"仅限选定内容"，修改 X 轴的偏移量，然后依次修改 Y、Z 轴的偏移量，最后单击"确定"完成操作，如图7-12所示。

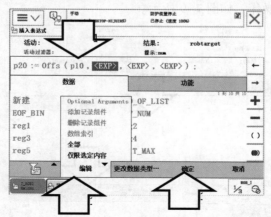

图7-12　Offs 目标点"p10"偏移值修改界面

7.6 RAPID 程序指令与功能

ABB 机器人提供了丰富的 RAPID 程序指令，方便了大家对程序的编制，同时也为复杂应用的实现提供了可能。以下就 RAPID 程序指令、功能的用途进行了一个详细的分类，并对各个指令的功能作了说明。

使用 I/O 信号调
用例行程序

7.6.1 程序执行的控制

（1）程序的调用，详见表 7-2。

表 7-2 程序的调用指令说明

指　　令	说　　明
ProcCall	调用例行程序
CallByVar	通过带变量的例行程序名称调用例行程序
RETURN	返回原例行程序

（2）例行程序内的逻辑控制，详见表 7-3。

表 7-3 逻辑控制指令说明

指　　令	说　　明
Compact IF	如果条件满足，就执行一条指令
IF	当满足不同条件时，执行对应程序
FOR	根据指定的次数，重复执行对应程序
WHILE	如果条件满足，重复执行对应程序
TEST	对一个变量进行判断，从而执行不同的程序
GOTO	跳转到例行程序内标签的位置
Label	跳转标签

（3）停止程序执行，详见表 7-4。

表 7-4 停止指令说明

指　　令	说　　明
Stop	停止程序执行
EXIT	停止程序执行并禁止在停止处再开始执行
Break	临时停止程序的执行，用于手动调试
SystemStopAction	停止程序执行与机器人运动
ExitCycle	中止当前程序的运行并将程序指针 PP 复位到主程序第一条指令。如果选择了程序连续运行模式，程序将从主程序第一句重新执行

7.6.2 变量指令

变量指令主要用于以下的方面：

1）对数值进行赋值；

2）等待指令；

带参数的例行程序

3）注释指令；

4）程序模块控制指令。

（1）赋值指令，详见表7-5。

表7-5　赋值指令说明

指　令	说　明
:=	对程序数据进行赋值

（2）等待指令，详见表7-6。

表7-6　等待指令说明

指　令	说　明
WaitTime	等待一个指定时间，程序再继续执行
WaitUntil	等待一个条件满足后，程序再继续执行
WaitDI	等待一个输入信号状态为设定值，程序再继续执行
WaitDO	等待一个输出信号状态为设定值，程序再继续执行

（3）程序注释，详见表7-7。

表7-7　程序注释指令说明

指　令	说　明
Comment	对程序进行注释

（4）程序模块加载，详见表7-8。

表7-8　程序模块加载指令说明

指　令	说　明
Load	从机器人硬盘加载一个程序模块到运行内存
Un Load	从运行内存中卸载一个程序模块
Start Load	在程序执行的过程中，加载一个程序到运行内存中
Wait Load	当 Start Load 使用后，使用此指令将程序模块连接到任务中使用
Cancel Load	取消加载程序模块
CheckProgRef	检查程序引用
Save	保存程序模块
EraseModule	从运行内存中删除程序模块

（5）变量功能，详见表7-9和表7-10。

表7-9　判断指令说明

指　令	说　明
TryInt	判断数据是否是有效整数

表 7-10 变量功能指令说明

功　　能	说　　明
OpMode	读取当前机器人的操作模式
RunMode	读取当前机器人的程序运行模式
NonMotionMode	读取程序任务当前是否无运动的执行模式
Dim	获取一个数组的维数
Present	读取带参数例行程序的可选参数值
IsPers	判断一个参数是否为可变量
IsVar	判断一个参数是否为变量

（6）转换功能，详见表 7-11。

表 7-11 转换功能指令说明

指　　令	说　　明
StrToByte	将字符串转换为指定格式的字节数据
ByteToStr	将字节数据转换为字符串

7.6.3 运动设定

（1）速度设定，详见表 7-12 和表 7-13。

表 7-12 速度功能说明

功　　能	说　　明
MaxRobSpeed	获取当前型号机器人可实现的最大 TCP 速度

表 7-13 速度设定指令说明

指　　令	说　　明
VelSet	设定最大的速度与倍率
SpeedRefresh	更新当前运动的速度与倍率
AccSet	定义机器人的加速度
WorldAccLim	设定大地坐标中工具与载荷的加速度
PathAccLim	设定运动路径中 TCP 的加速度

（2）轴配置管理，详见表 7-14。

表 7-14 轴配置指令说明

指　　令	说　　明
ConfJ	关节运动的轴配置控制
ConfL	线性运动的轴配置控制

（3）奇异点的管理，详见表 7-15。

表 7-15 奇异点的管理指令说明

指　　令	说　　明
SingArea	设定机器人运动时，在奇异点的插补方式

（4）位置偏置功能，详见表7-16和表7-17。

表7-16　位置偏置指令说明

指　　令	说　　明
PDispOn	激活位置偏置
PDispSet	激活指定数值的位置偏置
PDispOff	关闭位置偏置
EOffsOn	激活外轴偏置
EOffsSey	激活指定数值的外轴偏置
EOffsOff	关闭外轴偏置

表7-17　位置偏置功能说明

功　　能	说　　明
DefDFrame	通过三个位置数据计算出位置的偏移
DefFrame	通过六个位置数据计算出位置的偏移
ORobT	从一个位置数据删除位置偏置
DefAccFrame	从原始位置和替换位置定义一个框架

（5）软伺服功能，详见表7-18。

表7-18　软伺服功能指令说明

指　　令	说　　明
SoftAct	激活一个或多个轴的软伺服功能
SoftDeact	关闭软伺服功能

（6）机器人参数调整功能，详见表7-19。

表7-19　参数调整功能指令说明

指　　令	说　　明
TuneServo	伺服调整
TuneReset	伺服调整复位
PathReset	几何路径精度调整
CirPathMode	圆弧插补运动时，工具姿态的变换方式

（7）空间监控管理，详见表7-20。

表7-20　空间监控指令说明

指　　令	说　　明
WZBBoxDef	定义一个方形监控空间
WZCylDef	定义一个圆柱形监控空间
WZSphDef	定义一个球形监控空间
WZHomeJointDef	定义一个关节轴坐标监控空间
WZLimJointDef	定义一个限定为不可进入的关节轴坐标监控空间

（续）

指　令	说　明
WZLimSup	激活一个监控空间并限定为不可进入
WZDOSet	激活一个监控空间并与一个输出信号关联
WZEnable	激活一个临时监控空间
WZFree	关闭一个临时监控空间

注：这些功能需要选项"World zones"配合。

7.6.4　运动控制

（1）机器人运动控制，详见表7-21。

事件例程的编写

表7-21　运动控制指令说明

指　令	说　明
MoveC	TCP 圆弧运动
MoveJ	关节运动
MoveL	TCP 线性运动
MoveAbsJ	轴绝对角度位置运动
MoveExtJ	外部直线轴和旋转轴运动
MoveCDO	TCP 圆弧运动的同时触发一个输出信号
MoveJDO	关节运动的同时触发一个输出信号
MoveLDO	TCP 线性运动的同时触发一个输出信号
MoveCSync	TCP 圆弧运动的同时执行一个例行程序
MoveJSync	关节运动的同时执行一个例行程序
MoveLSync	TCP 线性运动的同时执行一个例行程序

（2）搜索功能，详见表7-22。

表7-22　搜索功能指令说明

指　令	说　明
SearchC	TCP 圆弧搜索运动
SearchL	TCP 线性搜索运动
SearchExtJ	外轴搜索运动

（3）指定位置触发信号与中断功能，详见表7-23。

表7-23　指定位置触发信号与中断功能指令说明

指　令	说　明
TriggIO	定义触发条件在一个指定的位置触发输出信号
TriggInt	定义触发条件在一个指定的位置触发中断程序
TriggCheckIO	定义一个指定的位置进行 I/O 状态的检查
TriggEquip	定义触发条件在一个指定的位置触发输出信号，并对信号相应的延迟进行补偿设定

(续)

指　令	说　明
TriggRampAO	定义触发条件在一个指定的位置触发模拟输出信号，并对信号相应的延迟进行补偿设定
TriggC	带触发事件的圆弧运动
TriggJ	带触发事件的关节运动
TriggL	带触发事件的 TCP 线性运动
TriggLIOs	在一个指定位置触发输出信号的线性运动
StepBwdPath	在 RESTART 的事件程序中进行路径的返回
TriggStopProc	在系统中创建一个监控处理，用于在 Stop 和 QStop 中需要信号复位和程序数据复位的操作
TriggSpeed	定义模拟信号与实际 TCP 速度之间的配合

（4）出错或中断时的运动控制，详见表 7-24 和表 7-25。

表 7-24　出错或中断时的运动控制指令说明

指　令	说　明
StopMove	停止机器人运动
StartMove	重新启动机器人运动
StartMoveRetry	重启机器人运动及相关参数设定
StopMoveReset	对停止运动状态复位，但不重启机器人运动
StorePath[①]	储存已生成的最近路径
RestoPath[①]	重生成之前储存的路径
ClearPath	在当前路径的运动级别中，清空整个运动路径
PathLevel	获取当前路径的级别
SyncMoveSuspend[①]	在 StorePath 的路径级别中暂停同步坐标的运动
SyncMoveResume[①]	在 StorePath 的路径级别中重返同步坐标的运动

注①：这些功能需要选项 "Path recovery" 配合。

表 7-25　出错或中断时的运动控制功能说明

功　能	说　明
IsStopMoveAct	获取当前停止运动标识符

（5）外轴的控制，详见表 7-26 和表 7-27。

表 7-26　外轴的控制指令说明

指　令	说　明
DeactUnit	关闭一个外轴单元
ActUnit	激活一个外轴单元
MechUnitLoad	定义外轴单元的有效载荷

表 7-27　外轴的控制功能说明

功　能	说　明
GetNextMechUnit	检索外轴单元在机器人系统里的名字
IsMechUnitActive	检查一个外轴单元是关闭还是激活

（6）独立轴控制，详见表 7-28 和表 7-29。

表 7-28　独立轴控制指令说明

指　令	说　明
IndAMove	将一个轴设定为独立模式并进行绝对位置方式运动
IndCMove	将一个轴设定为独立模式并进行连续方式运动
IndDMove	将一个轴设定为独立模式并进行角度方式运动
IndRMove	将一个轴设定为独立模式并进行相对位置方式运动
IndReset	取消独立轴模式

注：这些功能需要选项"Independent movement"配合。

表 7-29　独立轴控制功能说明

功　能	说　明
IndInpos	检查独立轴是否已到达指定位置
IndSpeed	检查独立轴是否已到达指定速度

注：这些功能需要选项"Independent movement"配合。

（7）路径修正功能，详见表 7-30 和表 7-31。

表 7-30　路径修正指令说明

指　令	说　明
CorrCon	连接一个路径修正生成器
CorrWrite	将路径坐标系统中的修正值写到修正生成器中
CorrDiscon	断开一个已连接的路径修正生成器
CorrClear	取消所有已连接的路径修正生成器

注：这些功能需要选项"Path offset orRobotWare-Act sensor"配合。

表 7-31　路径修正功能说明

功　能	说　明
CorrRead	读取所有已连接的路径修正生成器的总修正值

注：这些功能需要选项"Path offset orRobotWare-Act sensor"配合。

（8）路径记录功能，详见表 7-32 和表 7-33。

表 7-32　路径记录指令说明

指　令	说　明
PathRecStart	开始记录机器人路径
PathRecStop	停止记录机器人路径
PathRecMoveBwd	机器人根据记录的路径做后退运动
PathRecMoveFwd	机器人运动到执行 PathRecMoveBwd 这个指令的位置上

注：这些功能需要选项"Path recovery"配合。

表7-33　路径记录功能说明

功　　能	说　　明
PathRecValidBwd	检查是否已激活路径记录和是否有可后退路径
PathRecValidFwd	检查是否有可向前记录路径

注：这些功能需要选项"Path recovery"配合。

（9）输送链跟踪功能，详见表7-34。

表7-34　输送链跟踪指令说明

指　　令	说　　明
WaitWObj	等待输送链上的工件坐标
DropWObj	放弃输送链上的工件坐标

注：这些功能需要选项"Conveyortyackting"配合。

（10）传感器同步功能，详见表7-35。

表7-35　传感器同步指令说明

指　　令	说　　明
WaitSensor	将一个在开始窗口的对象与传感器设备关联起来
SyncToSensor	开始/停止机器人与传感器设备的运动同步
DropSensor	断开当前对象的连接

注：这些功能需要选项"Sensor synchronization"配合。

（11）有效载荷与碰撞检测，详见表7-36。

表7-36　有效载荷与碰撞检测指令说明

指　　令	说　　明
MotionSup[①]	激活/关闭运动监控
LoadID	工具或有效载荷的识别
ManLoadID	外轴有效载荷的识别

注①：此功能需要选项"Collision detection"配合。

（12）关于位置的功能，详见表7-37。

表7-37　位置的功能指令说明

指　　令	说　　明
Offs	对机器人位置进行偏移
RelTool	对工具的位置和姿态进行偏移
ClacRobT	从 jointtarget 计算出 robtarget
CPos	读取机器人当前的 X、Y、Z
CRobT	读取机器人当前的 robtarget
CJointT	读取机器人当前关节轴角度
ReadMotor	读取轴电动机当前角度
CTool	读取工具坐标当前数据
CWObj	读取工件坐标当前数据

（续）

指　　令	说　　明
MirPos	镜像一个位置
CalcJointT	从 robtarget 计算出 jointtarget
Distance	计算两个位置的距离
PFRestart	检查在电源故障时路径是否被中断
CSpeedOverride	读取当前速度的使用倍率

7.6.5　输入/输出信号的处理

机器人可以在程序中对输入/输出信号进行读取与赋值，以实现程序控制的需要。

（1）对输入/输出信号的值进行设定，详见表7-38。

表7-38　输入/输出信号值的设定指令说明

指　　令	说　　明
InvertDO	对一个数字输出信号置反
PulseDO	对数字信号进行脉冲输出
Rest	将数字输出信号置为"0"
Set	将数字输出信号置为"1"
SetAO	设定模拟输出信号的值
SetDO	设定数字输出信号的值
SetGO	设定组输出信号的值

（2）读取输入/输出信号的值，详见表7-39和表7-40。

表7-39　读取输入/输出信号的值功能说明

功　　能	说　　明
AOutput	读取模拟输出信号当前值
DOutput	读取数字输出信号当前值
GOutput	读取组信号输出当前值
TestDI	检查一个数字输入信号已置"1"
ValidIO	检查 I/O 信号是否有效

表7-40　读取输入/输出信号的值指令说明

指　　令	说　　明
WaitDI	等待一个数字输入信号的指定状态
WaitDO	等待一个数字输出信号的指定状态
WaitGI	等待一个组输入信号的指定状态
WaitGO	等待一个组输出信号的指定状态
WaitAI	等待一个模拟输入信号的指定状态
WaitAO	等待一个模拟输出信号的指定状态

（3）I/O 模块控制，详见表 7-41。

表 7-41   I/O 模块控制指令说明

指　　令	说　　明
IODisable	关闭一个 I/O 模块
IOEnable	开启一个 I/O 模块

7.6.6　通信功能

（1）示教器上人机界面的功能，详见表 7-42。

表 7-42   人机界面的功能指令说明

指　　令	说　　明
TPErase	清屏
TPWrite	在示教器界面上写信息
ErrWrite	在示教器事件日志中写报警信息并储存
TPReadFK	互动的功能键操作
TPReadNum	互动的数字键操作
TPShow	通过 RAPID 程序打开指定窗口

（2）通过串口进行读写，详见表 7-43 和表 7-44。

表 7-43   通过串口进行读写指令说明

指　　令	说　　明
Open	打开串口
Write	对串口进行文本操作
Close	关闭串口
WriteBin	写一个二进制数的操作
WriteAnyBin	写任意二进制数的操作
WriteStrBin	写字符操作
Rewind	设定文件开始位置
ClearOBuff	清空串口输入缓冲
ReadAnyBin	从串口读取任意的二进制数

表 7-44   通过串口进行读写功能说明

功　　能	说　　明
ReadNum	读取数字量
ReadStr	读取字符串
ReadBin	从二进制串口读取数据
ReadStrBin	从二进制串口读取字符串

（3）Sockets 通信，详见表 7-45 和表 7-46。

表 7-45　Sockets 通信指令说明

指　令	说　明
SocketCreate	创建新的 Socket
SocketConnect	连接远程计算机
SocketSend	发送数据到远程计算机
SocketReceive	从远程计算机接收数据
SocketClose	关闭 Socket

表 7-46　Sockets 通信功能说明

功　能	说　明
SocketGetStatus	获取当前 Socket 状态

7.6.7　中断程序

（1）中断的设定，详见表 7-47。

中断程序

表 7-47　中断设定指令说明

指　令	说　明
CONNECT	连接一个中断符号到中断程序
ISignalDI	使用一个数字输入信号触发中断
ISignalDO	使用一个数字输出信号触发中断
ISignalGI	使用一个组输入信号触发中断
ISignalGO	使用一个组输出信号触发中断
ISignalAI	使用一个模拟输入信号触发中断
ISignalAO	使用一个模拟输出信号触发中断
ITimer	计时中断
TriggInt	在一个指定位置触发中断
IPers	使用一个可变量触发中断
IError	当一个错误发生时触发中断
IDelete	取消中断

（2）中断的控制，详见表 7-48。

表 7-48　中断的控制指令说明

指　令	说　明
ISleep	关闭一个中断
IWatch	激活一个中断
IDisable	关闭所有中断
IEnaable	激活所有中断

7.6.8 系统相关的指令

时间控制,详见表7-49和表7-50。

表7-49 时间控制指令说明

指　令	说　明
ClkReset	计时器复位
ClkStart	计时器开始计时
ClkStop	计时器停止计时

表7-50 时间控制功能说明

功　能	说　明
ClkRead	读取计时器数值
CDate	读取当前日期
CTime	读取当前时间
GetTime	读取当前时间为数字型数据

7.6.9 数学运算

(1)简单运算,详见表7-51。

数学运算

表7-51 简单运算指令说明

指　令	说　明
Clear	清空数值
Add	加或减操作
Incr	加一操作
Decr	减一操作

(2)算术功能,详见表7-52。

表7-52 算术功能指令说明

指　令	说　明
Abs	取绝对值
Round	四舍五入
Trunc	舍位操作
Sqrt	计算二次根
Exp	计算数值e^x
Pow	计算指数值
ACos	计算圆弧余弦值
ASin	计算圆弧正弦值
ATan	计算圆弧正切值 [-90,90]
ATan2	计算圆弧正切值 [-180,180]

（续）

指　令	说　明
Cos	计算余弦值
Sin	计算正弦值
Tan	计算正切值
EulerZYX	从姿态计算欧拉角
OrientZYX	从欧拉角计算姿态

7.7　中断程序 TRAP

在 RAPID 程序执行过程中，如果出现需要紧急处理的情况，机器人会中断当前程序的执行过程，程序指针 PP 马上跳转到专门的程序中对紧急的情况进行相应的处理，处理结束后程序指针 PP 返回到原来被中断的地方，继续往下执行程序。这种专门用来处理紧急情况的程序，称作中断程序（TRAP）。

中断程序经常会用于出错处理、外部信号的响应等实时响应要求高的场合。

现以对一个传感器的信号进行实时监控为例编写一个中断程序：

1）在正常情况下，di1 的信号为"0"。

2）如果 di1 的信号从"0"变为"1"，就对 reg1 数据进行加"1"的操作。

添加中断程序的操作方法如下：

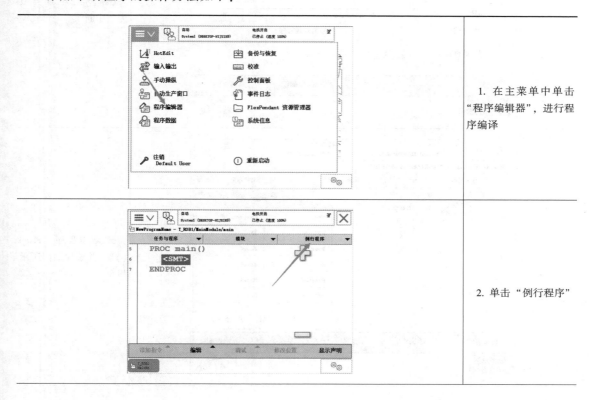

1. 在主菜单中单击"程序编辑器"，进行程序编译

2. 单击"例行程序"

（续）

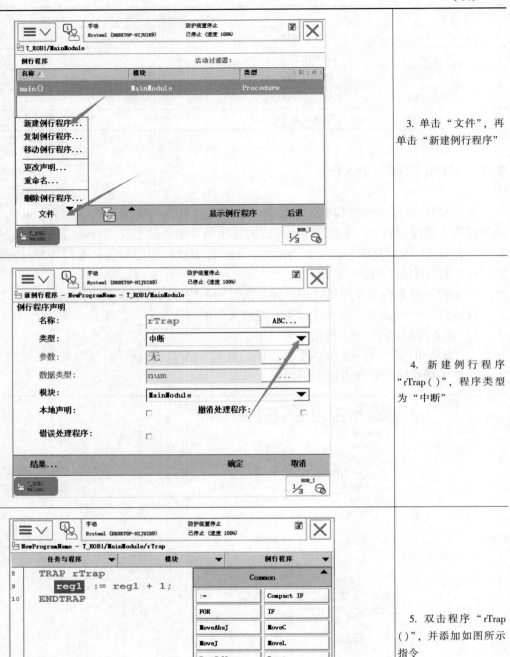

3. 单击"文件"，再单击"新建例行程序"

4. 新建例行程序"rTrap( )"，程序类型为"中断"

5. 双击程序"rTrap( )"，并添加如图所示指令

（续）

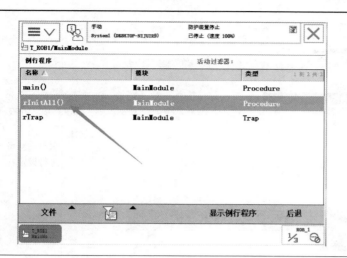

6. 再新建一个用于初始化的程序"rInitAll（）"，程序类型为"程序"

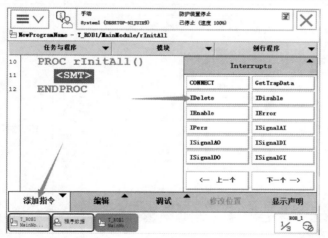

7. 双击打开程序"rInitAll（）"，单击"添加指令"，在列表中选择"IDelete"

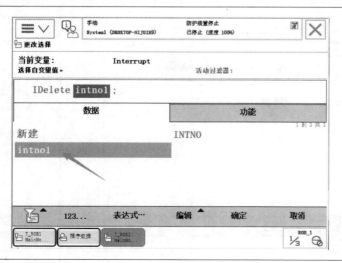

8. 选择"intno1"（如果没有就新建一个），然后单击"确定"

（续）

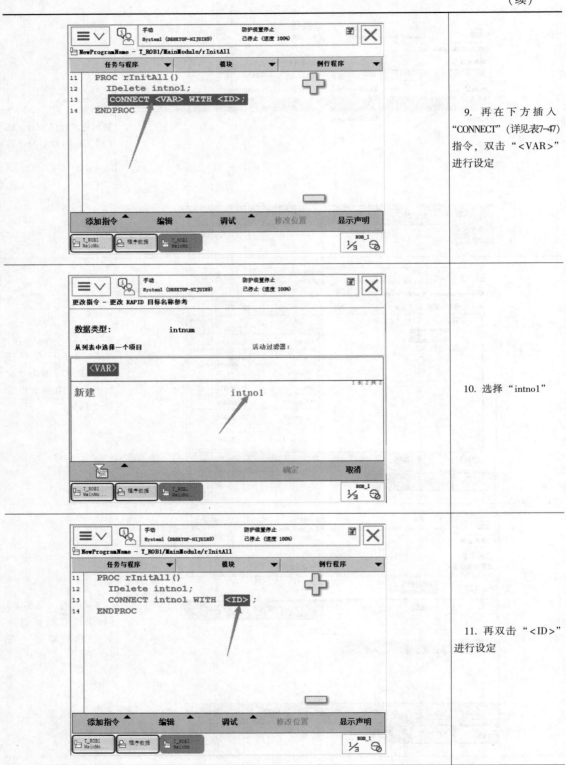

9. 再在下方插入 "CONNECT"（详见表7-47）指令，双击 "<VAR>" 进行设定

10. 选择 "intno1"

11. 再双击 "<ID>" 进行设定

（续）

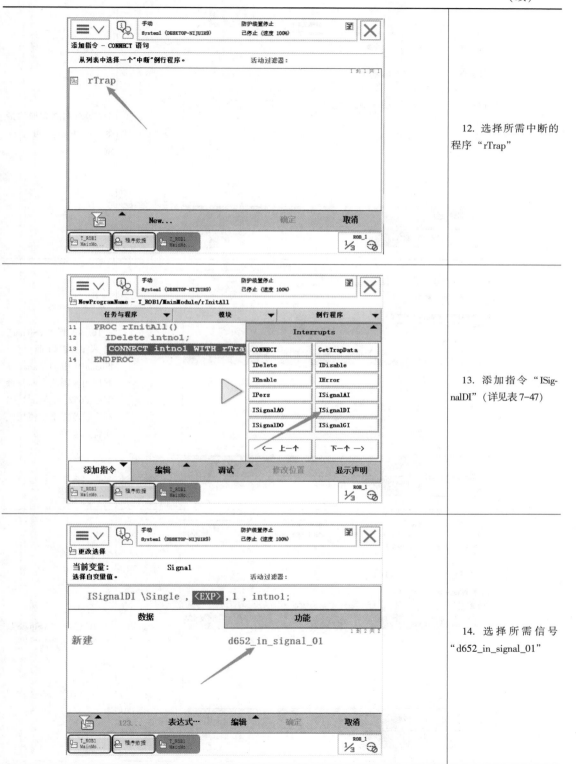

步骤	说明
	12. 选择所需中断的程序"rTrap"
	13. 添加指令"ISig-nalDI"（详见表 7-47）
	14. 选择所需信号"d652_in_signal_01"

（续）

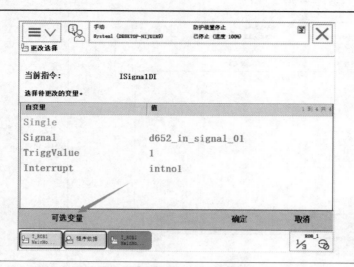

15. 双击刚添加的指令，再单击"可选变量"

16. 单击"\Signal"进入设定画面。注：ISignalDI 中的 Signal 参数启用，则此中断只会响应 d652_in_signal_01 一次；若要重复使用则应将其去掉

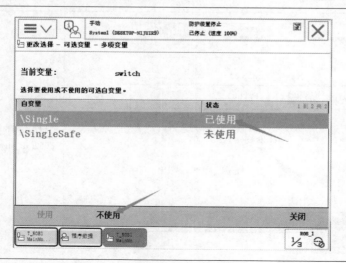

17. 选中"\Single"，再单击"不使用"

（续）

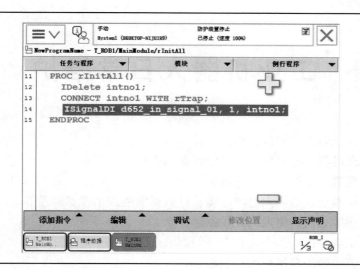

18. 返回程序编辑界面，操作完成。此中断程序只需在初始化例行程序"rInitAll"中执行一次，即在程序执行的整个过程中都生效

实战训练

1. 编辑程序：如果开关 1 打开，循环执行边长 200 mm 的正方形轨迹（例行程序"zhengfangxing"），执行完成后回到 home 点，否则执行直径 200 mm 的圆形轨迹，然后回到初始位置，（开关 1 信号是 DI 1，默认的工具坐标 tool0）。

2. 按如图 7-13 所示的轨迹路线编写程序，机器人从初始位置（pHome）运动到 P1 点，等待信号 DI1，当收到信号后，开始顺时针运行轨迹，回到 P1 点后，再回到初始位置。（默认的工具坐标 tool0。）

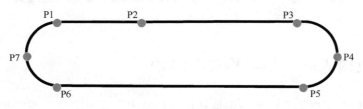

图 7-13　轨迹路线

模块四　工业机器人日常维护

[知识目标]：（1）掌握机器人的硬件连接。
　　　　　　（2）掌握机器人的机械本体日常保养与维护。
　　　　　　（3）掌握机器人的电气日常维护与维修。
[能力目标]：（1）能正确连接机器人电源电缆、计数器电缆和示教器电缆等。
　　　　　　（2）能正确更换机器人的计数器电池。
　　　　　　（3）能正确更换机器人机械本体的润滑剂。
　　　　　　（4）能够正确保养机器人控制柜。
　　　　　　（5）能够排除机器人的常见故障。
[职业素养]：（1）培养学生高度的责任心和耐心。
　　　　　　（2）培养学生动手、观察、分析问题和解决问题的能力。
　　　　　　（3）培养学生查阅资料和自学的能力。
　　　　　　（4）培养学生与他人沟通的能力，塑造自我形象、推销自我。
　　　　　　（5）培养学生的团队合作意识及企业员工意识。

第 8 章　ABB 机器人的硬件连接

8.1　ABB 机器人的控制柜构成与维护

　　机器人控制柜是根据指令以及传感信息控制机器人完成一定动作或作业任务的装置，是决定机器人功能和性能的主要因素，也是机器人系统中更新和发展最快的部分，其基本功能有：示教功能、记忆功能、位置伺服功能、坐标设定功能、与外围设备联系功能、传感器接口功能和故障诊断安全保护功能等。

　　根据控制系统的开放程度，机器人控制柜分为 3 类：封闭型、开放型和混合型。目前基本上都是封闭型系统（如日系机器人）或混合型系统（如欧系机器人）。

　　按计算机结构、控制方式和控制算法的处理方法，机器人控制柜又可分为集中式控制和分布式控制两种方式。

1. 集中式控制柜

　　优点：硬件成本较低，便于信息的采集和分析，易于实现系统的最优控制，整体性与协调性较好，基于 PC 的系统硬件扩展较为方便。

缺点：系统控制缺乏灵活性，控制危险容易集中，一旦出现故障，其影响面广，后果严重；大量数据计算，会降低系统的实时性，系统对多任务的响应能力也会与系统的实时性相冲突；系统连线复杂，会降低系统的可靠性。

集中式控制柜分为单独运动接口卡驱动和多轴运动控制卡驱动，如图8-1、图8-2所示。

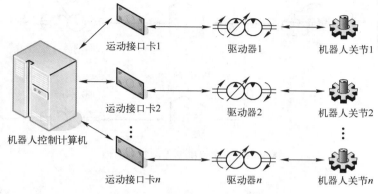

图8-1　单独运动接口卡驱动

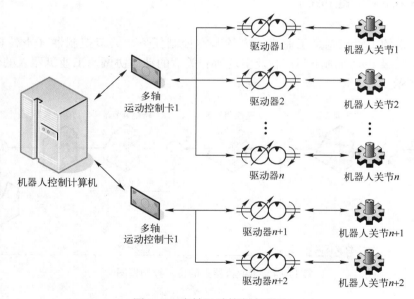

图8-2　多轴运动控制卡驱动

2. 分布式控制柜

分布式控制柜的主要思想为"分散控制，集中管理"，是一个开放、实时、精确的机器人控制系统。分布式系统中常采用两级控制方式，由上位机和下位机组成。

优点：系统灵活性好，控制系统的危险性降低，采用多处理器的分散控制，有利于系统功能的并行执行，提高系统的处理效率，缩短响应时间。

分布式机器人控制柜结构如图8-3所示。

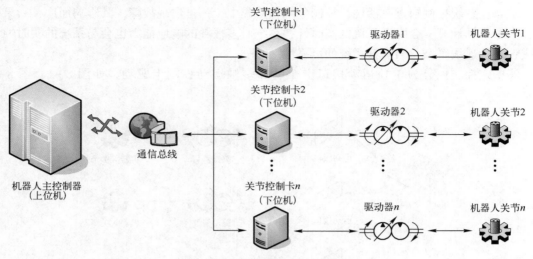

图 8-3 分布式机器人控制柜结构

8.2 机器人的位置控制

实现机器人的位置控制是工业机器人的基本控制任务。关节控制器（下位机）是执行计算机，负责伺服电动机的闭环控制及实现所有关节的动作协调。工业机器人的位置控制框图如图 8-4 所示。

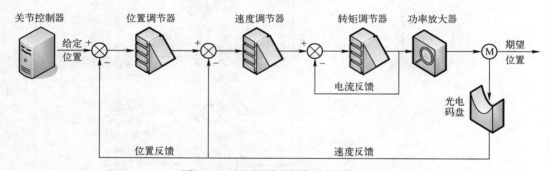

图 8-4 工业机器人的位置控制框图

机器人的核心技术是运动控制技术，目前工业机器人采用的电气驱动主要有步进电动机和伺服电动机两类。

8.3 机器人本体与控制柜的连接

工业机器人的连接主要涉及控制柜与机器人本体两部分，以 ABB 机器人为例，机器人本体与控制柜的连接操作步骤如下：

图 片 说 明	操 作 步 骤
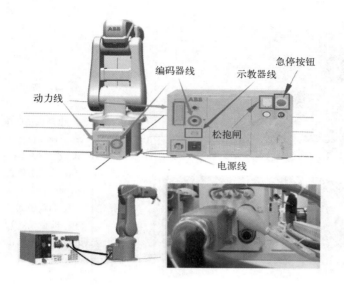	机器人本体与控制柜之间的连接主要是电动机动力电缆与转数计数器电缆、用户电缆的连接。动力电缆和编码器电缆分开走线，防止电磁干扰。示教器接在控制器上，机器人电源电缆接在控制柜上。急停按钮有两个，分别在示教器和控制柜
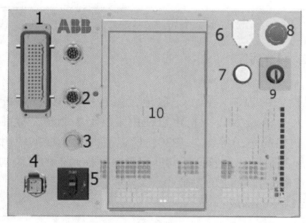 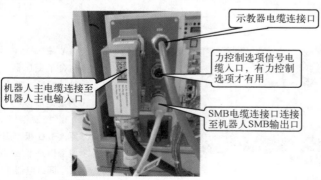	1. 动力线接口：提供手臂电源 　　2. 编码器线接口：供应各轴数据给手臂 　　3. 示教器接口：连接机器人示教器 　　4. 控制柜电源接口：控制柜外部电源输入 　　5. 控制电源开关：控制柜电源打开与关闭

（续）

图片说明	操作步骤
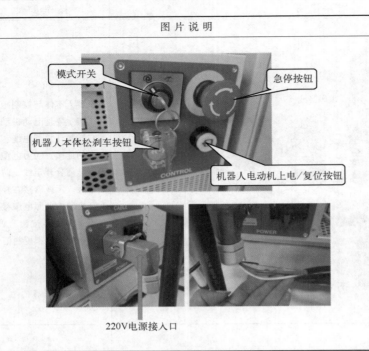模式开关 急停按钮 机器人本体松刹车按钮 机器人电动机上电/复位按钮 CONTROL 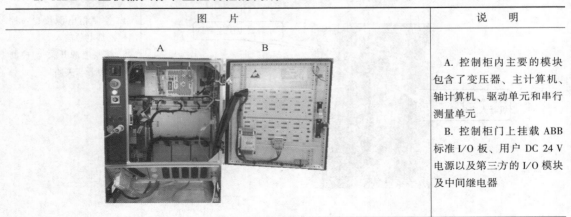CABLE POWER 220V电源接入口	6. 刹车按钮：按下可关闭刹车功能 7. 电动机使能按钮：自动状态下需要按下 8. 紧急停止按钮：按下后机器人紧急停止 9. 模式转换旋钮：切换手动、自动模式 10. 机器人I/O信号面板：机器人输入输出信号接口

8.4 ABB 机器人控制柜的构成

工业机器人控制柜是工业机器人的控制中枢。一般地，ABB 中大型机器人（10 kg 以上）使用标准控制柜，小型机器人（10 kg 及以下）可以使用紧凑型控制柜。标准型控制柜的防护等级为 IP54，而紧凑型控制柜的防护等级为 IP30，所以有时候会根据使用现场环境防护等级的要求选择标准或紧凑型控制柜。我们将标准型和紧凑型控制柜的模块构成进行详细的说明，为下一步模块的故障诊断与排除打好基础。

1. ABB 工业机器人标准型控制柜的构成

图　　片	说　　明
A B	A. 控制柜内主要的模块包含了变压器、主计算机、轴计算机、驱动单元和串行测量单元 B. 控制柜门上挂载 ABB 标准 I/O 板、用户 DC 24 V 电源以及第三方的 I/O 模块及中间继电器

（续）

图 片	说 明
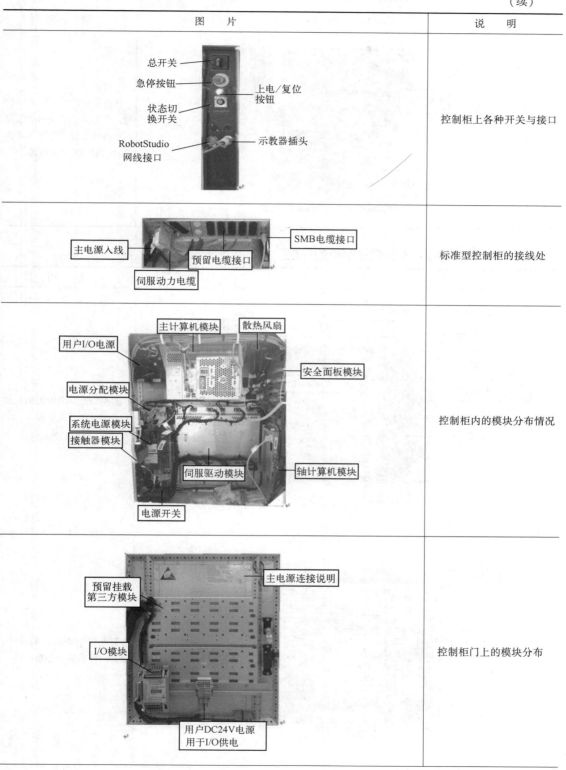	控制柜上各种开关与接口
	标准型控制柜的接线处
	控制柜内的模块分布情况
	控制柜门上的模块分布

（续）

图　　片	说　　明
	从控制柜的背面卸下防护盖，看到如左图所示的散热风扇与变压器。在拆下防护盖时，需先断开主电源

2. ABB 工业机器人紧凑型控制柜的构成

图　　片	说　　明
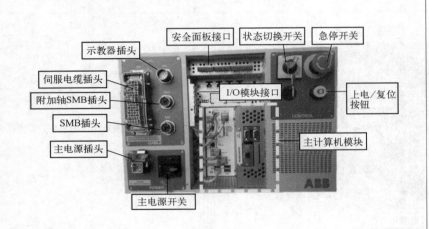	紧凑型控制柜的正面的插头、按钮和开关分布
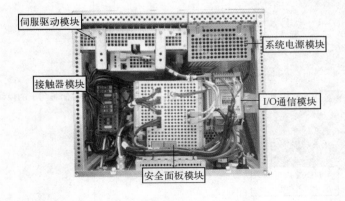	打开控制柜上方的盖子，查看内部的模块分布

（续）

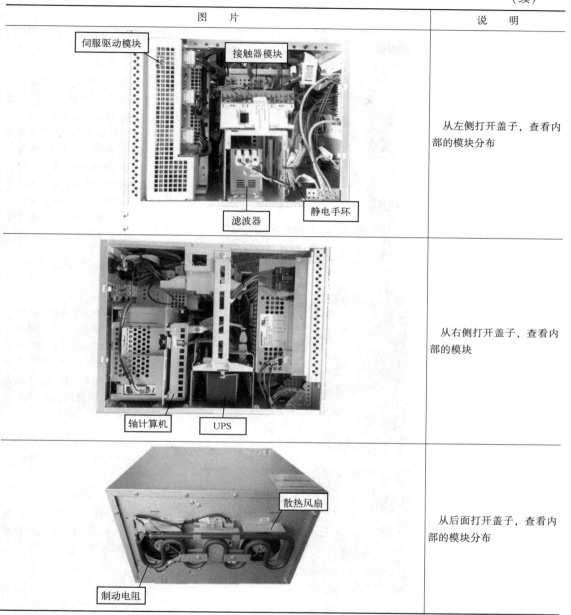

图　片	说　明
伺服驱动模块　接触器模块　滤波器　静电手环	从左侧打开盖子，查看内部的模块分布
轴计算机　UPS	从右侧打开盖子，查看内部的模块
散热风扇　制动电阻	从后面打开盖子，查看内部的模块分布

8.5　工业机器人标准型控制柜的周期维护

　　必须对工业机器人标准型控制柜 IRC5 进行定期维护以确保其功能正常。不可预测的情形下出现异常也要对控制柜进行检查。

　　设备点检是一种科学的设备管理方法，它是利用人的五官或简单的仪器工具，对设备进行定点、定期的检查，对照标准发现设备的异常现象和隐患，掌握设备故障的初期信息，以便及时采取对策，将故障消灭在萌芽阶段的一种管理方法。接下来是我们针对工业机器人标准型控制柜 IRC5 制定的日常点检表及定期点检表。

1. 日常点检表

项目	图　片	点检内容及方法
1. 控制柜		每天在开始操作之前，一定要先检查控制柜是否清洁，四周有无杂物。 　　检查控制柜的通风是否正常，如果使用环境的温度过高，会触发机器人本身的保护机制而报警，如果不给予处理持续长时间的高温运行的话，就会损坏机器人电气相关的模块与元件了
2. 示教器		每天在开始操作之前，一定要先检查示教器的触摸屏幕是否显示正常，触摸对象有无漂移；按钮、摇杆是否正常。否则的话可能会因为误操作而造成人身的安全事故
3. 控制柜运行情况	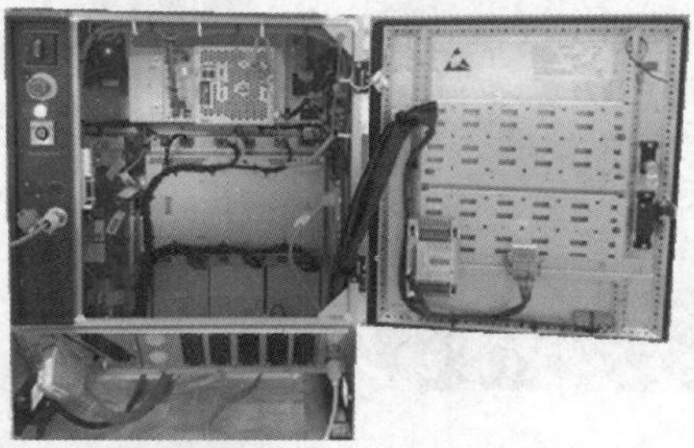	控制柜正常上电后，示教器上应无报警。控制柜背面的散热风扇运行正常
4. 检查安全防护装置	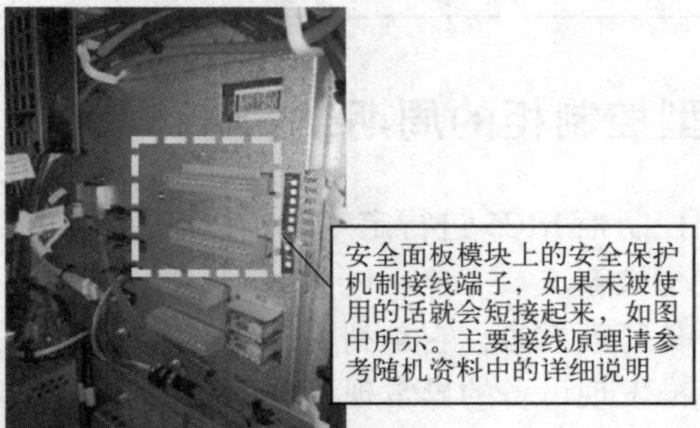 安全面板模块上的安全保护机制接线端子，如果未被使用的话就会短接起来，如图中所示。主要接线原理请参考随机资料中的详细说明	如果使用的安全面板模块上的安全保护机制，AS GS SS ES 侧对应的安全保护功能也要进行测试

（续）

项目	图片	点检内容及方法
5. 急停按钮	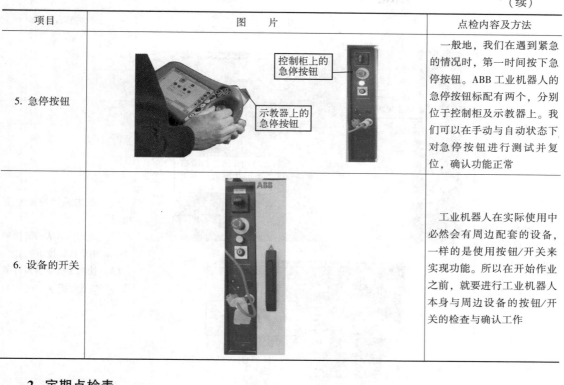	一般地，我们在遇到紧急的情况时，第一时间按下急停按钮。ABB工业机器人的急停按钮标配有两个，分别位于控制柜及示教器上。我们可以在手动与自动状态下对急停按钮进行测试并复位，确认功能正常
6. 设备的开关		工业机器人在实际使用中必然会有周边配套的设备，一样的是使用按钮/开关来实现功能。所以在开始作业之前，就要进行工业机器人本身与周边设备的按钮/开关的检查与确认工作

2. 定期点检表

项 目	图 片	点检内容及方法
1. 清洁示教器（每1个月1次）	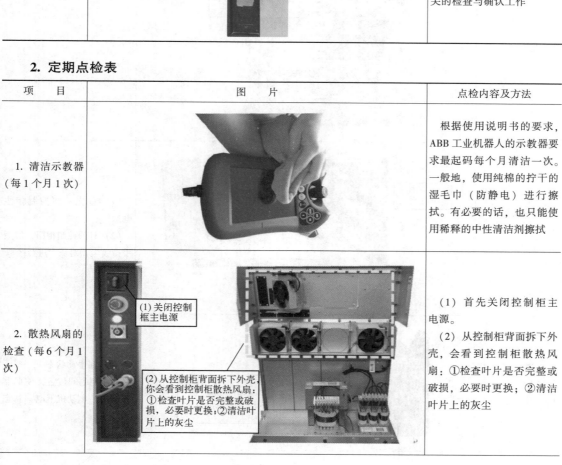	根据使用说明书的要求，ABB工业机器人的示教器要求最起码每个月清洁一次。一般地，使用纯棉的拧干的湿毛巾（防静电）进行擦拭。有必要的话，也只能使用稀释的中性清洁剂擦拭
2. 散热风扇的检查（每6个月1次）	（1）关闭控制柜主电源 （2）从控制柜背面拆下外壳，你会看到控制柜散热风扇：①检查叶片是否完整或破损，必要时更换；②清洁叶片上的灰尘	（1）首先关闭控制柜主电源。 （2）从控制柜背面拆下外壳，会看到控制柜散热风扇：①检查叶片是否完整或破损，必要时更换；②清洁叶片上的灰尘

（续）

项　　目	图　　片	点检内容及方法
3. 散热风扇的清洁（每12个月1次）	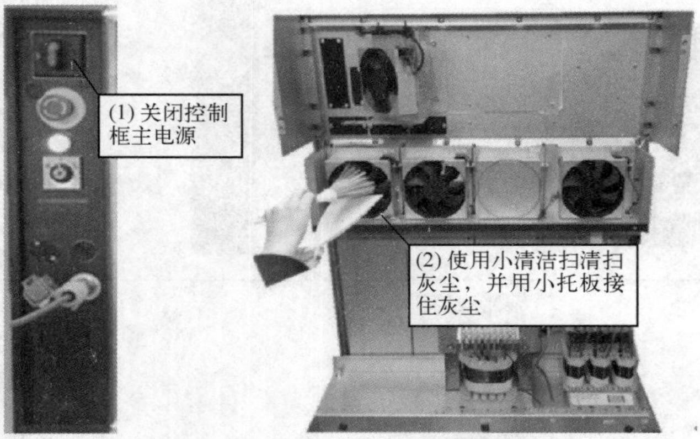  (1) 关闭控制框主电源 (2) 使用小清洁扫清扫灰尘，并用小托板接住灰尘 (3) 使用手持吸尘器对遗留的灰尘进行吸取	（1）首先关闭控制柜主电源。 （2）使用小清洁扫清扫灰尘，并用小托板接住灰尘。 （3）使用手持吸尘器对遗留的灰尘进行吸取
4. 控制柜内部的清洁（每12个月1次）	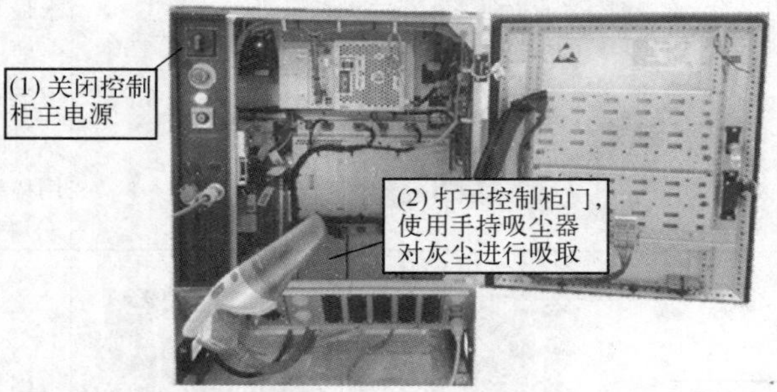 (1) 关闭控制柜主电源 (2) 打开控制柜门，使用手持吸尘器对灰尘进行吸取	（1）首先关闭控制柜主电源。 （2）打开控制柜门，使用手持吸尘器对灰尘进行吸取
5. 检查上电接触器K42、K43（每12个月1次）	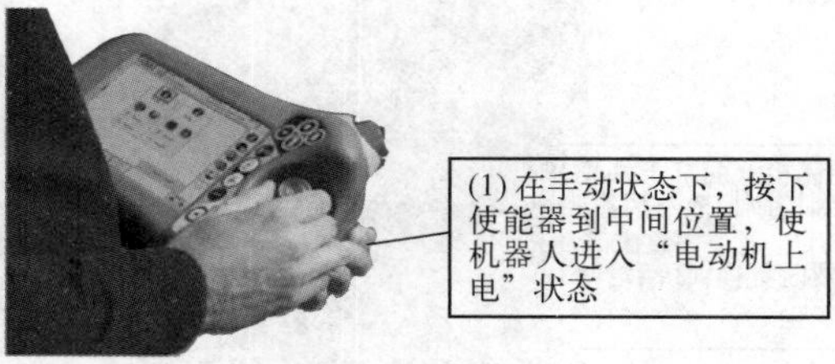 (1) 在手动状态下，按下使能器到中间位置，使机器人进入"电动机上电"状态	（1）在手动状态下，按下使能器到中间位置，使机器人进入"电动机上电"状态

（续）

项　目	图　片	点检内容及方法
5. 检查上电接触器 K42、K43（每12个月1次）	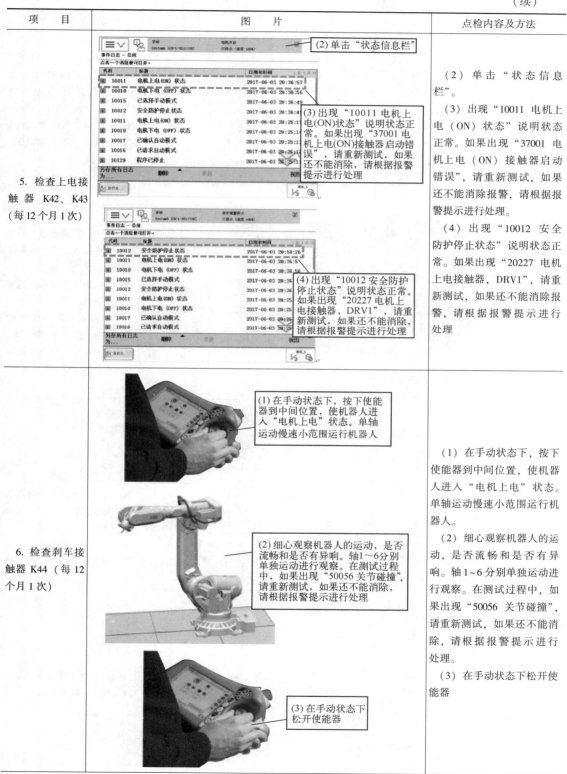 (2) 单击"状态信息栏" (3) 出现"10011 电机上电(ON)状态"说明状态正常。如果出现"37001 电机上电(ON)接触器启动错误"，请重新测试，如果还不能消除，请根据报警提示进行处理 (4) 出现"10012 安全防护停止状态"说明状态正常。如果出现"20227 电机上电接触器，DRV1"，请重新测试，如果还不能消除，请根据报警提示进行处理	（2）单击"状态信息栏"。 （3）出现"10011 电机上电（ON）状态"说明状态正常。如果出现"37001 电机上电（ON）接触器启动错误"，请重新测试，如果还不能消除报警，请根据报警提示进行处理。 （4）出现"10012 安全防护停止状态"说明状态正常。如果出现"20227 电机上电接触器，DRV1"，请重新测试，如果还不能消除报警，请根据报警提示进行处理
6. 检查刹车接触器 K44（每12个月1次）	(1) 在手动状态下，按下使能器到中间位置，使机器人进入"电机上电"状态。单轴运动慢速小范围运行机器人 (2) 细心观察机器人的运动，是否流畅和是否有异响。轴1～6分别单独运动进行观察。在测试过程中，如果出现"50056 关节碰撞"，请重新测试，如果还不能消除，请根据报警提示进行处理 (3) 在手动状态下松开使能器	（1）在手动状态下，按下使能器到中间位置，使机器人进入"电机上电"状态。单轴运动慢速小范围运行机器人。 （2）细心观察机器人的运动，是否流畅和是否有异响。轴1～6分别单独运动进行观察。在测试过程中，如果出现"50056 关节碰撞"，请重新测试，如果还不能消除，请根据报警提示进行处理。 （3）在手动状态下松开使能器

（续）

项　目	图　片	点检内容及方法
6. 检查刹车接触器 K44（每 12 个月 1 次）	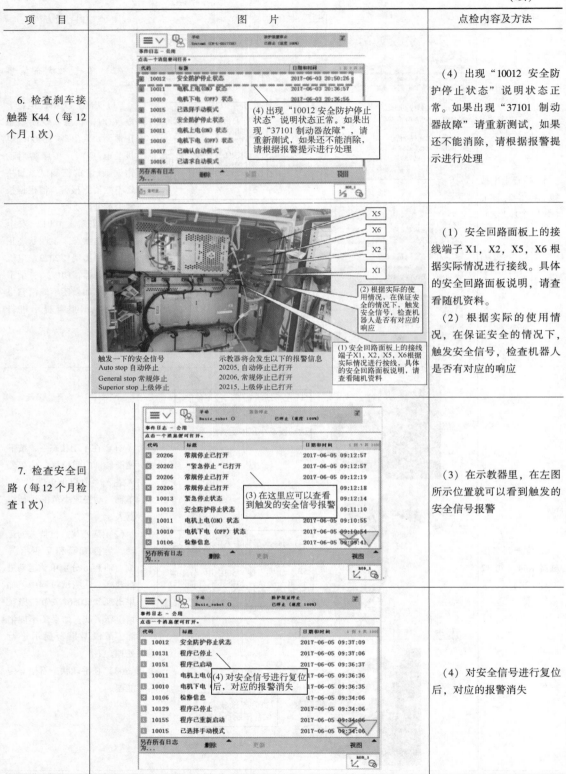	（4）出现"10012 安全防护停止状态"说明状态正常。如果出现"37101 制动器故障"请重新测试，如果还不能消除，请根据报警提示进行处理
7. 检查安全回路（每 12 个月检查 1 次）		（1）安全回路面板上的接线端子 X1，X2，X5，X6 根据实际情况进行接线。具体的安全回路面板说明，请查看随机资料。 （2）根据实际的使用情况，在保证安全的情况下，触发安全信号，检查机器人是否有对应的响应 （3）在示教器里，在左图所示位置就可以看到触发的安全信号报警 （4）对安全信号进行复位后，对应的报警消失

8.6　工业机器人紧凑型控制柜的周期维护

必须对工业机器人紧凑型控制柜 IRC5 进行定期维护以确保其功能正常。不可预测的情形下出现异常也要对控制柜进行检查。

设备点检是一种科学的设备管理方法，它是利用人的五官或简单的仪器工具，对设备进行定点、定期的检查，对照标准发现设备的异常现象和隐患，掌握设备故障的初期信息，以便及时采取对策，将故障消灭在萌芽阶段的一种管理方法。下面是我们针对工业机器人紧凑型控制柜 IRC5 制定的日常点检表及定期点检表。

1. 日常点检表

项　　目	图　　片	点检内容及方法
1. 检查控制柜	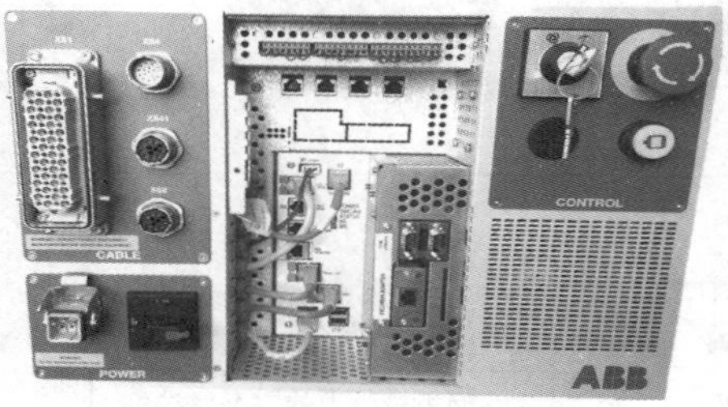	在控制柜的周边要保留足够的空间与位置以便于操作与维护，如左图所示。如果不能达到要求的话，要及时做出整改。 检查控制柜的通风是否正常，如果使用环境的温度过高，会触发机器人本身的保护机制而报警，如果不给予处理持续长时间的高温运行的话，就会损坏机器人的电气相关的模块与元件了
2. 控制柜运行情况	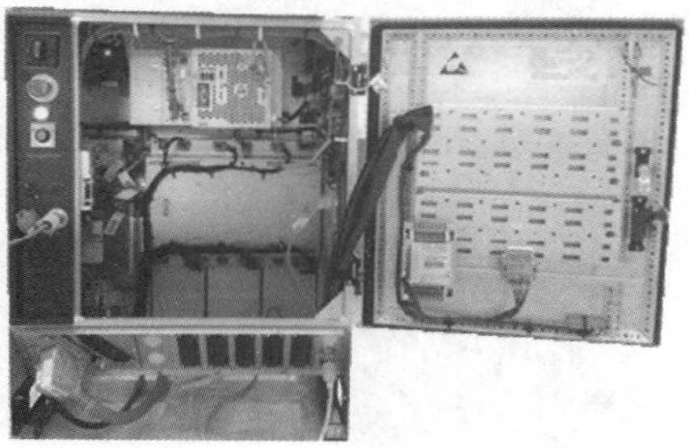 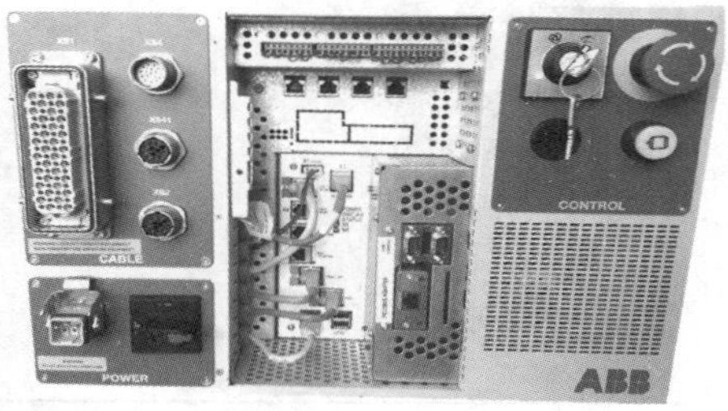	控制柜正常上电后，示教器上无报警。控制柜背面的散热风扇运行正常

项　　目	图　　片	点检内容及方法
3. 检查急停按钮	  示教器上的急停按钮 控制柜上的急停按钮	一般地，我们在遇到紧急的情况时，第一时间按下急停按钮。ABB工业机器人的急停按钮标配有两个，分别位于控制柜及示教器上。我们可以在手动与自动状态下对急停按钮进行测试并复位，确认功能正常
4. 检查安全防护装置	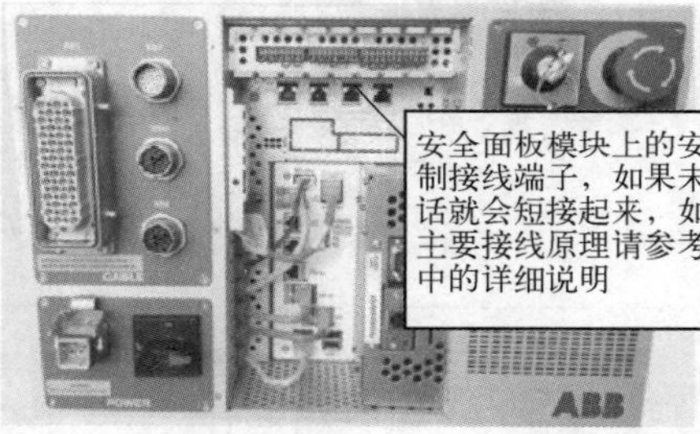 安全面板模块上的安全保护机制接线端子，如果未被使用的话就会短接起来，如图中所示。主要接线原理请参考随机资料中的详细说明	如果使用的安全面板模块上的安全保护机制，AS GS ES侧对应的安全保护功能也要进行测试。 　　安全面板模块上的安全保护机制接线端子，如果未被使用的话就会短接起来，如图中所示。主要接线原理请参考随机资料
5. 各种按钮检查		工业机器人在实际使用中必然会有周边配套的设备，一样的是使用按钮/开关来实现功能。所以在开始作业之前，就要进行工业机器人本身与周边设备的按钮/开关的检查与确认工作

2. 定期点检表

项　目	图　片	点检内容及方法
1. 清洁示教器（每1个月1次）	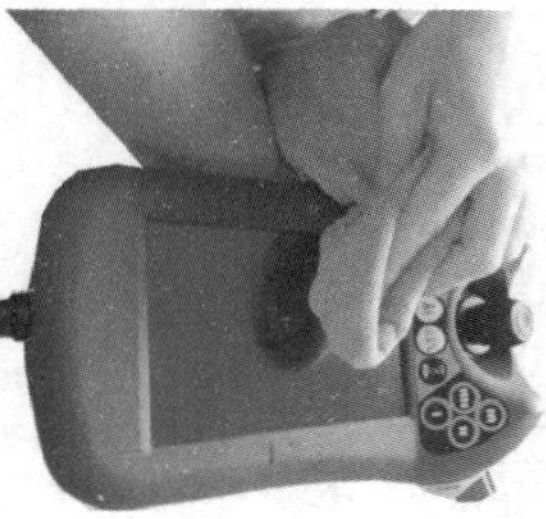	根据使用说明书的要求，ABB工业机器人的示教器要求最起码每个月清洁一次。一般地，使用纯棉的拧干的湿毛巾（防静电）进行擦拭。有必要的话，也只能使用稀释的中性清洁剂擦拭
2. 散热风扇的检查（每6个月1次）	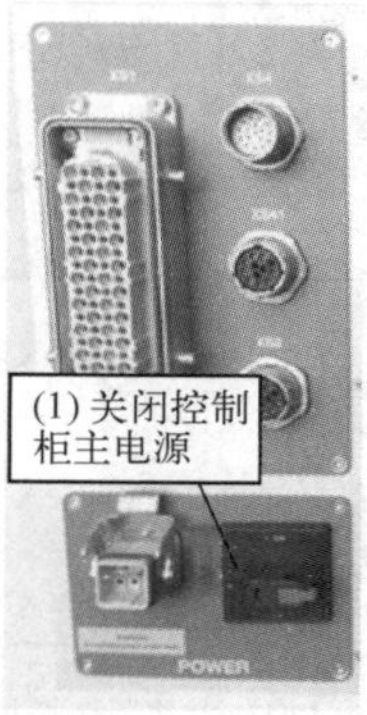 （1）关闭控制柜主电源	（1）检查前，请关闭控制柜主电源
	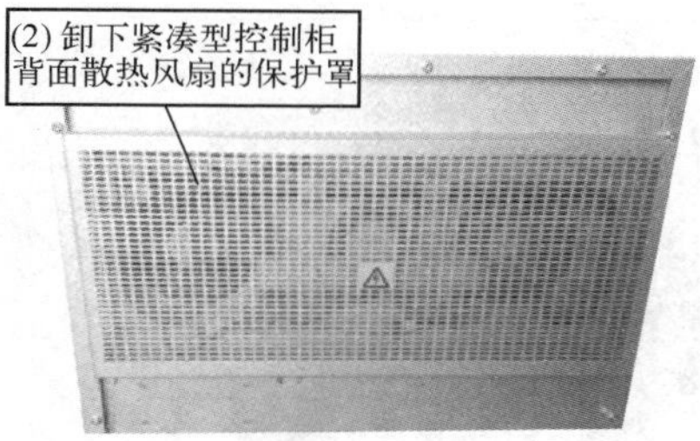 （2）卸下紧凑型控制柜背面散热风扇的保护罩	（2）卸下紧凑型控制柜背面散热风扇的保护罩
	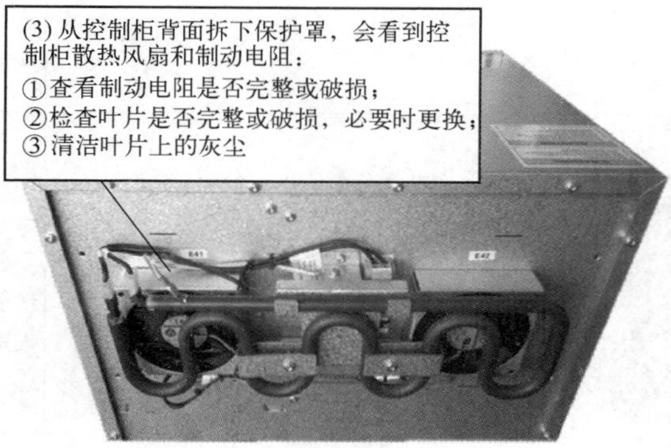 （3）从控制柜背面拆下保护罩，会看到控制柜散热风扇和制动电阻：①查看制动电阻是否完整或破损；②检查叶片是否完整或破损，必要时更换；③清洁叶片上的灰尘	（3）从控制柜背面拆下保护罩，会看到控制柜散热风扇和制动电阻：① 查看制动电阻是否完整或破损；② 检查叶片是否完整或破损，必要时更换；③ 清洁叶片上的灰尘

（续）

项　　目	图　　片	点检内容及方法
	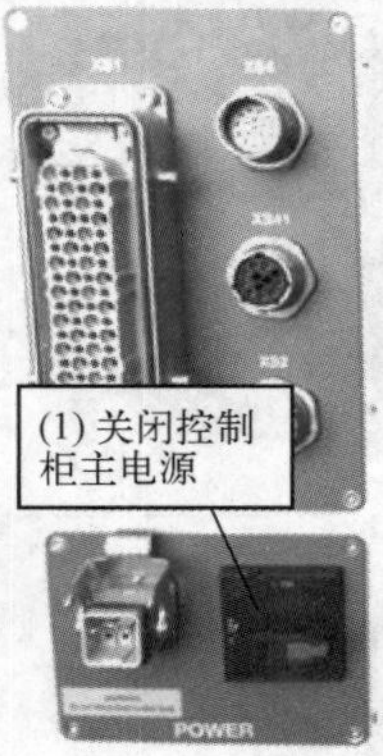 (1) 关闭控制柜主电源	（1）在清洁前，关闭控制柜的主电源
3. 散热风扇的清洁（每 12 个月 1 次）	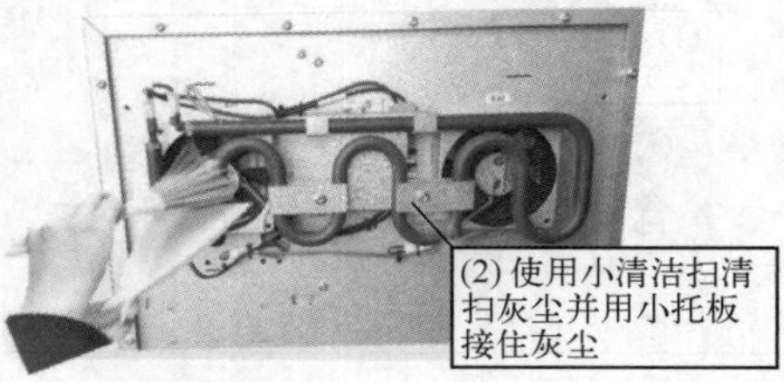 (2) 使用小清洁扫清扫灰尘并用小托板接住灰尘	（2）使用小清洁扫清扫灰尘并用有小托板接住灰尘
	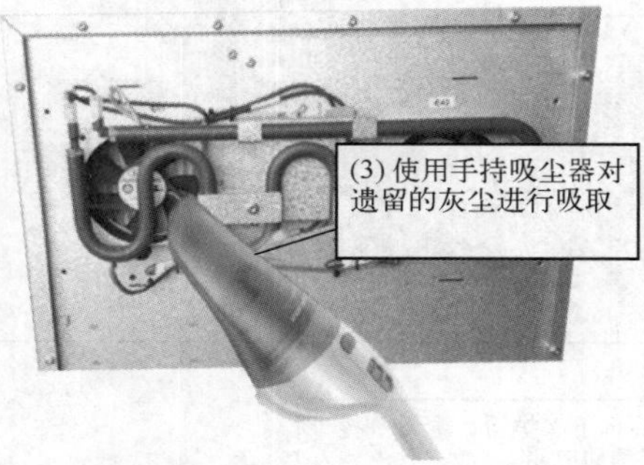 (3) 使用手持吸尘器对遗留的灰尘进行吸取	（3）使用手持吸尘器对遗留的灰尘进行吸取
4. 检查上电接触器 K42、K43（每 12 个月 1 次）	 (1) 在手动状态下，按下使能器到中间位置，使机器人进入"电机上电"状态	（1）在手动状态下，按下使能器到中间位置，使机器人进入"电机上电"状态

（续）

项 目	图 片	点检内容及方法
4. 检查上电接触器 K42、K43（每12个月 1 次）	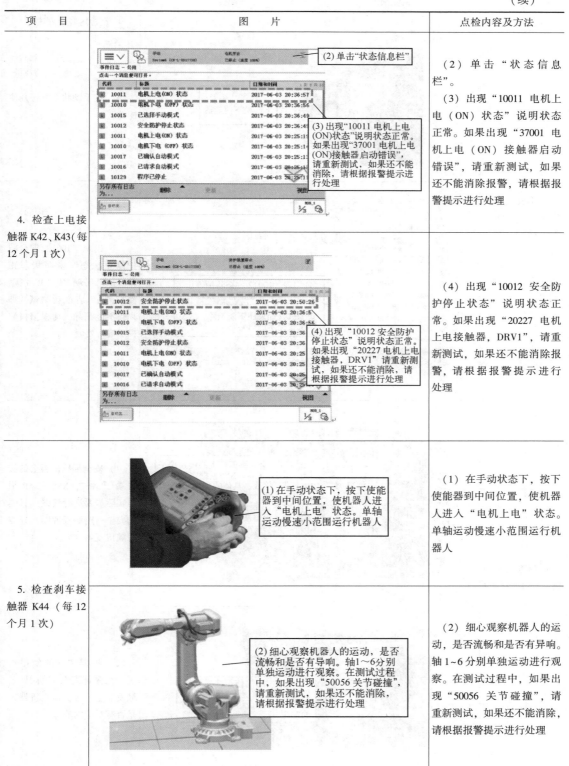 (2) 单击"状态信息栏" (3) 出现"10011 电机上电(ON)状态"说明状态正常。如果出现"37001 电机上电(ON)接触器启动错误"，请重新测试，如果还不能消除，请根据报警提示进行处理 (4) 出现"10012 安全防护停止状态"说明状态正常。如果出现"20227 电机上电接触器，DRV1"请重新测试，如果还不能消除，请根据报警提示进行处理	（2）单击"状态信息栏"。 （3）出现"10011 电机上电（ON）状态"说明状态正常。如果出现"37001 电机上电（ON）接触器启动错误"，请重新测试，如果还不能消除报警，请根据报警提示进行处理 （4）出现"10012 安全防护停止状态"说明状态正常。如果出现"20227 电机上电接触器，DRV1"，请重新测试，如果还不能消除报警，请根据报警提示进行处理
5. 检查刹车接触器 K44（每12个月 1 次）	(1) 在手动状态下，按下使能器到中间位置，使机器人进入"电机上电"状态。单轴运动慢速小范围运行机器人 (2) 细心观察机器人的运动，是否流畅和是否有异响。轴1~6分别单独运动进行观察。在测试过程中，如果出现"50056 关节碰撞"，请重新测试，如果还不能消除，请根据报警提示进行处理	（1）在手动状态下，按下使能器到中间位置，使机器人进入"电机上电"状态。单轴运动慢速小范围运行机器人 （2）细心观察机器人的运动，是否流畅和是否有异响。轴1~6分别单独运动进行观察。在测试过程中，如果出现"50056 关节碰撞"，请重新测试，如果还不能消除，请根据报警提示进行处理

（续）

项　　目	图　　片	点检内容及方法
	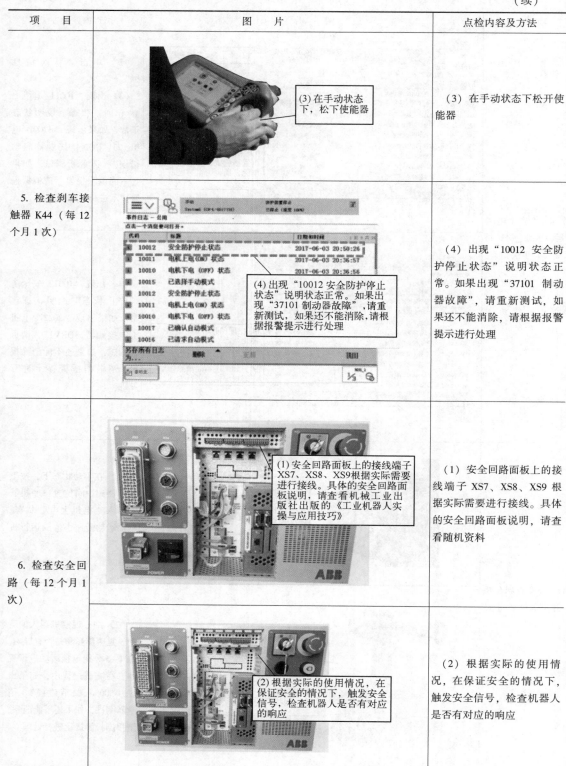 （3）在手动状态下，松下使能器	（3）在手动状态下松开使能器
5. 检查刹车接触器 K44（每12个月1次）	（4）出现"10012 安全防护停止状态"说明状态正常。如果出现"37101 制动器故障"，请重新测试，如果还不能消除，请根据报警提示进行处理	（4）出现"10012 安全防护停止状态"说明状态正常。如果出现"37101 制动器故障"，请重新测试，如果还不能消除，请根据报警提示进行处理
6. 检查安全回路（每12个月1次）	（1）安全回路面板上的接线端子XS7、XS8、XS9根据实际需要进行接线。具体的安全回路面板说明，请查看机械工业出版社出版的《工业机器人实操与应用技巧》	（1）安全回路面板上的接线端子 XS7、XS8、XS9 根据实际需要进行接线。具体的安全回路面板说明，请查看随机资料
	（2）根据实际的使用情况，在保证安全的情况下，触发安全信号，检查机器人是否有对应的响应	（2）根据实际的使用情况，在保证安全的情况下，触发安全信号，检查机器人是否有对应的响应

（续）

项 目	图 片	点检内容及方法
6. 检查安全回路（每12个月1次）	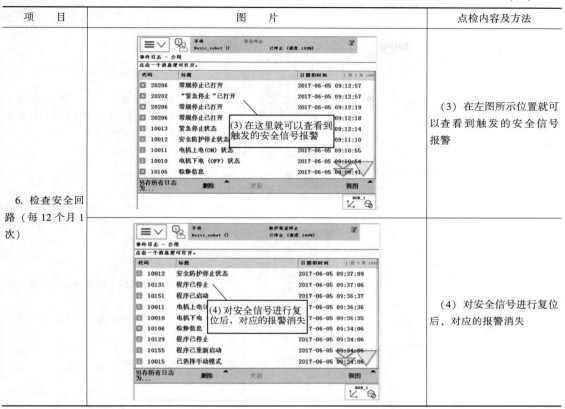	（3）在左图所示位置就可以查看到触发的安全信号报警
		（4）对安全信号进行复位后，对应的报警消失

8.7 控制柜故障的诊断

ABB 机器人运行的机器人系统 Robotware，为机器人的运行、编程、调试和功能设定与开发提供了一个必要的软件运行平台。一般地，可以通过对 Robotware 定期升级的方法来增加新的功能与特性同时修改一些已知的错误，从而使得机器人运行更加有效和可靠。

在机器人正常运行的过程中，由于对机器人系统 Robotware 进行了误操作（例如意外删除系统模块、I/O 设定错乱等）引起的报警与停机，我们可以称之为软故障。

1. 软故障——系统故障

图 示	操作步骤说明
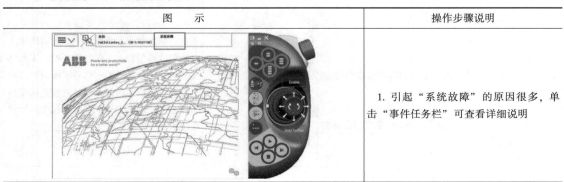	1. 引起"系统故障"的原因很多，单击"事件任务栏"可查看详细说明

（续）

图　示	操作步骤说明
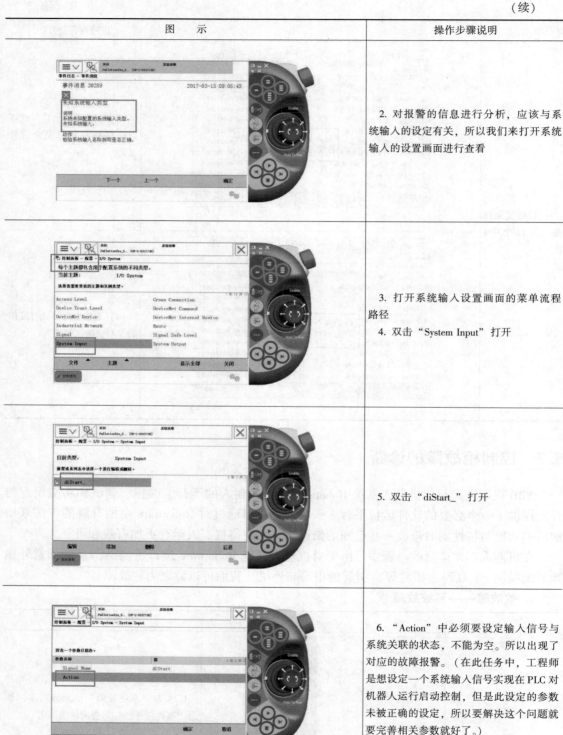	2. 对报警的信息进行分析，应该与系统输入的设定有关，所以我们来打开系统输入的设置画面进行查看
	3. 打开系统输入设置画面的菜单流程路径 4. 双击 "System Input" 打开
	5. 双击 "diStart_" 打开
	6. "Action" 中必须要设定输入信号与系统关联的状态，不能为空。所以出现了对应的故障报警。（在此任务中，工程师是想设定一个系统输入信号实现在 PLC 对机器人运行启动控制，但是此设定的参数未被正确的设定，所以要解决这个问题就要完善相关参数就好了。）

（续）

图　　示	操作步骤说明
	7. 在"Action"和"Argument1"中设定对应的参数。具体参数的含义请参考对应的说明书 8. 设定完成后，单击"确定"
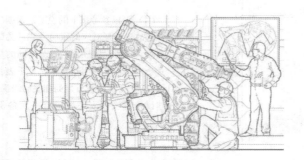	9. 单击"是"进行重启后，故障清除
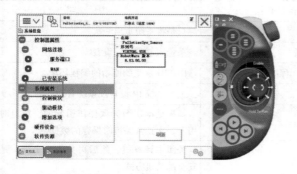	总结： （1）认真查看报警信息； （2）根据报警信息的提示，定位故障的原因； （3）修正故障的错误； （4）重启系统，确认故障是否已消除
	在实际机器人应用过程中，如果机器人运行稳定且功能正常的情况下，不建议随意修改机器人系统 Robotware，包括增减选项与版本升级。 只有在当前运行的 Robotware 有异常并影响到机器人的效率与可靠性时，才去考虑升级 Robotware 来解决软件本身的问题。（在系统信息菜单中单击系统属性就可以查看 Robotware 的版本号了。）

（续）

图　　示	操作步骤说明
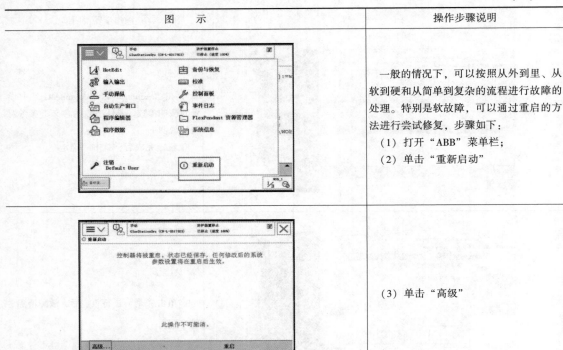	一般的情况下，可以按照从外到里、从软到硬和从简单到复杂的流程进行故障的处理。特别是软故障，可以通过重启的方法进行尝试修复，步骤如下： （1）打开"ABB"菜单栏； （2）单击"重新启动"
	（3）单击"高级"
	（4）可以参考以下的说明，根据出现的软件故障选择对应的重启方式，尝试修复故障。同时，要注意的是，不同的重启方式会不同程度地删除数据，见下表，请谨慎操作。（在进行重启的相关高级操作前，建议先对机器人系统进行一次备份最为稳妥。）

功　　能	消除的数据	说　　明
重启	不会	只是将系统重启一次
重置系统	所有的数据	系统恢复到出厂设置
重置 RAPID	所有 RAPID 程序代码及数据	RAPID 恢复到原始的编程环境
启动引导应用程序	不会	进入系统 IP 设置及系统管理界面
恢复到上次自动保存的状态	可能会	如果是本次因为误操作引起的，重启时会调用上一次正常关机时保存的数据
关闭主计算机	不会	关闭主计算机，然后再关闭主电源，是较为安全的关机方式

2. 对机器人周边观察的检查方法

工业机器人本身的可靠性是非常高的，大部分的故障可能都是人为操作不当所引起的。所以当工业机器人发生故障时，先不用着急去将机器人拆装检查，而是应该对机器人周边的部件、接头进行检查。故障排除操作方法如下：

图 示	操作步骤及说明
	工业机器人一上电启动后，示教器就显示故障报警，如左图所示

按照事件消息 38103 中对可能性原因进行分析，总结下来原因可能有以下三个方面：见左侧上表。

原因	描 述
1	SMB 电缆有问题
2	机器人本体里面的串行测量电路板有问题
3	控制柜里面的轴计算机有问题

这三个方面的原因都可能涉及硬件的更换。这台设备刚刚因为生产工艺的调整进行了搬运和重新布局，那么会不会是因为这个原因造成的此次故障呢？这个时候，我们会考虑先进行一下这三个方面的检查（见左侧下表），主要是对连接的插头和电路板上的状态灯进行查看

步骤	描 述
1	检查 SMB 电缆的连接及屏蔽（重点检查）
2	查看机器人本体内的串行测量电路板
3	查看控制柜里面的轴计算机

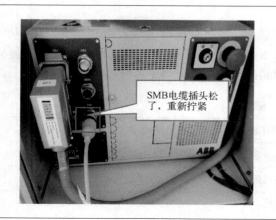

SMB电缆插头松了，重新拧紧

终于真相大白，造成这个故障的原因就是控制柜端的 SMB 电缆插头松了。我们按照以下的步骤进行处理看看能不能将故障排除：

步骤	描 述
1	关闭机器人总电源
2	将 SMB 电缆插头重新插好并拧紧
3	顺便检查机器人本体与控制柜上的所有插头是否正确插好
4	重新上电后，故障报警消失

（续）

图　　示		操作步骤及说明
检查	**描　　述**	从上面的这个实例，我们就发现在机器人故障报警信息所显示的故障只是由于插头松了引起的，并没有信息之中所描述的硬件发生故障了。所以在处理故障时，可以从以下这几个方面先着手，从简单到复杂，从机器人外部周边到内部硬件进行故障的查找与分析，见左侧表
1	相关的紧固螺丝是否松动	
2	所有电缆的插头是否插好	
3	电缆表面是否有破损	
4	硬件电路模块是否清洁或潮湿	
5	各模块是否正确安装（周期保养后）	

3. "一次只更换一个元件"的操作方法

我们继续以 SMB 通信中断这个故障为例，讨论一下在排除了插头与电缆的问题后还无法排除故障的话，就可能真的涉及硬件的故障了。有三种可能：①SMB 电缆有问题；②机器人本体里面的串行测量电路板有问题；③控制柜里面的轴计算机有问题。

这里面涉及两个硬件，一个是机器人本体里面的串行测量电路板，另外一个是控制柜里面的轴计算机。那么到底是哪一个有问题呢？还是两个都有问题？这个时候，我们就建议对硬件进行故障诊断与排除时使用"一次只更换一个元件"的操作方法。硬件的"一次只更换一个元件"的操作流程如下：

1）关闭机器人的总电源；

2）更换串行测量电路板；

3）打开机器人的总电源，如果故障还没有排除，则继续进行下面的步骤；

4）关闭机器人的总电源；

5）恢复原来的串行测量电路板；

6）更换轴计算机；

7）打开机器人的总电源，如果故障还没有排除，则继续进行下面的步骤；

8）关闭机器人的总电源；

9）恢复原来的轴计算机；

10）至此如果故障还没有排除，那就最好联系厂家进行检修了。

在进行更换元件故障排除时，可以使用表 8-1 所示的格式来记录所做的更换，方便元件的恢复与故障分析。这就以上面的故障处理的过程记录作为例子进行说明，见表 8-1。

表 8-1　记录表

编号	日期	时间	部件名称型号	操作	结果
1	3月6日	10：00	串行测量电路板备件	安装	故障依旧
2	3月6日	10：34	原串行测量电路板	恢复	
3	3月6日	11：54	轴计算机备件	安装	故障依旧
4	3月6日	12：54	原轴计算机	恢复	

8.8 工业机器人控制柜常见故障的诊断

ABB 机器人常用的控制柜有两种：标准型的控制柜和紧凑型的控制柜。两者的大部分模块都是通用的。所以在本任务中，我们就以标准型控制柜为对象进行学习。在任务中可以查看到紧凑型控制柜对应模块的位置。

1. 主计算机模块的故障诊断

图　示	操作步骤说明
	主计算机模块就好比机器人的大脑，位于控制柜的正上方，如左图所示
	LED 状态指示灯位于主计算机的中央位置，如左图所示。LED 灯的状态及含义见下表

LED 灯名称	LED 灯状态	含　义
POWER	长亮	正常启动时，计算机单元内的 COM 快速模块未启动
	1~4 下短闪 1 秒后熄灭	启动期间遇到故障。可能是电源、FPGA 或 COM 快速模块故障
	1~5 下闪烁后 20 下快速闪烁	运行时电源故障。请重启控制柜后检查主计算机电源电压
DISC-Act	闪烁	正在读写 SD 卡
STATUS	启动时，红色长亮	正在加载 bootloader
	启动时，红色闪烁	正在加载镜像数据
	启动时，绿色闪烁	正在加载 RobotWare
	启动时，绿色长亮	系统启动完成
	红色长亮或闪烁	检查 SD 卡
	绿色闪烁	查看示教器上的信息提示

2. 安全面板模块的故障诊断

图　　示	操作步骤说明
	安全面板模块主要负责安全相关信号的处理，位于控制柜的右侧，如左图所示
	LED 状态指示灯位于安全面板模块的右侧，如左图所示。LED 灯的状态及含义见下表

LED 灯名称	LED 灯状态	含　　义
Epwr	绿色闪烁	串行通信错误，检查与主计算机的通信连接
	绿色长亮	运行正常
	红色闪烁	系统上电自检中
	红色长亮	出现串行通信错误以外的错误
EN1	长亮	信号 ENABLE1＝1 且 RS 通信正常
AS1	长亮	自动停止，安全链 1 正常
AS2	长亮	自动停止，安全链 2 正常
GS1	长亮	常规停止，安全链 1 正常
GS2	长亮	常规停止，安全链 2 正常
SS1	长亮	上级停止，安全链 1 正常
SS2	长亮	上级停止，安全链 2 正常
ES1	长亮	紧急停止，安全链 1 正常
ES2	长亮	紧急停止，安全链 2 正常

3. 驱动单元模块的故障诊断

图　　示	操作步骤说明
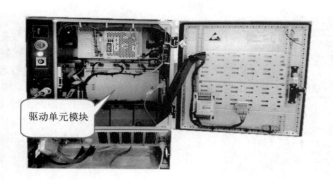 驱动单元模块	驱动单元模块用于接收上位机指令，然后驱动机器人运动，位于控制柜的正面中间的位置，如左图所示
 LED 状态指示灯	LED 状态指示灯位于驱动单元模块的中心，如左图所示。LED 灯的状态及含义见下表

LED 灯名称	LED 灯状态	含　　义
X8 IN	黄灯闪烁	与上位机在以太网通道上进行通信
	黄灯亮	以太网通道已建立连接
	黄灯熄灭	与上位机以太网通道连接断开
	绿灯熄灭	以太网通道的速率为 10 Mbit/s
	绿灯长亮	以太网通道的速率为 100 Mbit/s
X9 OUT	黄灯闪烁	与额外驱动单元在以太网通道上进行通信
	黄灯亮	以太网通道已建立连接
	黄灯熄灭	与额外驱动单元以太网通道连接断开
	绿灯熄灭	以太网通道的速率为 10 Mbit/s
	绿灯长亮	以太网通道的速率为 100 Mbit/s

4. 轴计算机模块的故障诊断

图　示	操作步骤说明
	轴计算机单元模块用于接收主计算机的运动指令和串行测量板（SMB）的机器人位置反馈信号，然后发出驱动机器人运动的指令给驱动单元模块。轴计算机模块位于控制柜的右侧的位置，如左图所示
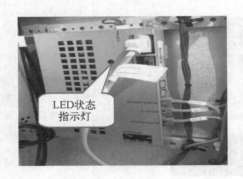	LED状态指示灯位于轴计算机模块右侧的位置，如左图所示。LED灯的状态及含义见下表

LED 灯名称	LED 灯状态	含　义
状态 LED	红色长亮	启动期间，表示正在上电中
		运行期间，轴计算机无法初始化基本的硬件
	红色闪烁	启动期间，建立与主计算机的连接并将程序加载到轴计算机
		运行期间，与主计算机的连接丢失、主计算机启动问题或者 RobotWare 安装问题
	绿色闪烁	启动期间，轴计算机程序启动并连接外围单元
		运行期间，与外围单元的连接丢失或者 RobotWare 启动问题
	绿色长亮	启动期间，启动过程中
		运行期间，正常运行
	不亮	轴计算机没有电或者内部错误（硬件/固件）

5. 系统电源模块的故障诊断

图 示	操作步骤说明
	系统电源模块用于为控制柜里的模块提供直流电源,其位于控制柜的左下方位置,如左图所示
	LED 状态指示灯位于系统电源模块右边的位置,如左图所示。LED 灯状态及含义见下表

LED 灯名称	LED 灯状态	含 义
Epwr	绿色闪烁	串行通信错误,检查与主计算机的通信连接
	绿色长亮	运行正常
	红色闪烁	系统上电自检中
	红色长亮	出现串行通信错误以外的错误
EN1	长亮	信号 ENABLE1 = 1 且 RS 通信正常
AS1	长亮	自动停止,安全链 1 正常
AS2	长亮	自动停止,安全链 2 正常
GS1	长亮	常规停止,安全链 1 正常
GS2	长亮	常规停止,安全链 2 正常
SS1	长亮	上级停止,安全链 1 正常
SS2	长亮	上级停止,安全链 2 正常
ES1	长亮	紧急停止,安全链 1 正常
ES2	长亮	紧急停止,安全链 2 正常

6. 电源分配模块的故障诊断

图　示	操作步骤说明
 电源分配模块	电源分配模块用于为控制柜里的模块分配直流电源，其位于控制柜的左边位置，如左图所示
LED状态指示灯	LED状态指示灯位于电源分配模块中下方的位置，如左图所示。LED灯状态及含义见下表

LED 灯名称	LED 灯状态	含　义
状态 LED	绿色长亮	正常
	熄灭	直流电源输出异常或输入异常

7. 用户 I/O 电源模块的故障诊断

图　示	操作步骤说明
用户I/O模块	用户 I/O 电源模块用于为控制柜里的 I/O 模块提供直流电源，其位于控制柜的左上方位置，如左图所示

（续）

图 示	操作步骤说明
	LED 状态指示灯位于用户 I/O 电源模块中间靠上的位置，如左图所示。LED 灯状态及含义见下表

LED 灯名称	LED 灯状态	含 义
状态 LED	绿色长亮	正常
	熄灭	直流电源输出异常或输入异常

8. 接触器模块的故障诊断

图 示	操作步骤说明
	接触器模块用于控制机器人各轴电动机的上电与控制机制，其位于控制柜的左侧位置，如左图所示
	LED 状态指示灯位于接触器模块右边的位置，如左图所示。LED 灯状态及含义见下表

LED 灯名称	LED 灯状态	含 义
状态 LED	绿色闪烁	串行通信出错
	绿色长亮	正常
	红色闪烁	正在上电/自检模式中
	红色长亮	出现错误

9. ABB 标准 I/O 模块的故障诊断

图　示	操作步骤说明
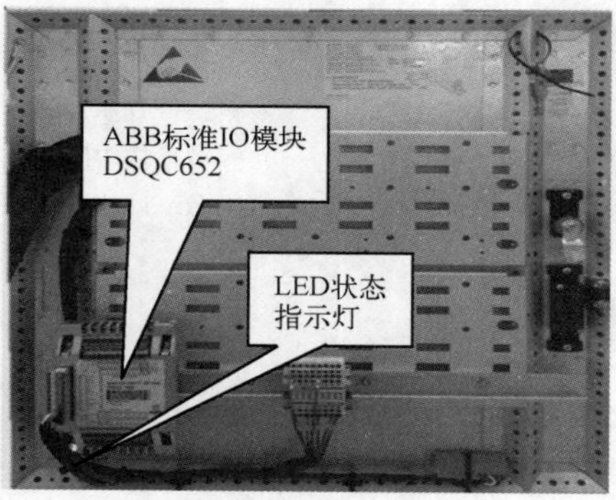	ABB 标准 I/O 模块是用于机器人与外部设备进行通信的模块，位于控制柜的门上的位置，如左图所示。这里，我们以 DSQC652 这个模块进行说明。 　　LED 状态指示灯位于 ABB 标准 I/O 模块左下边的位置，如左图所示。LED 灯状态及含义见下表

LED 灯名称	LED 灯状态	含　义
MS	熄灭	无电源输入
	绿色长亮	正常
	绿色闪烁	请根据示教器相关的报警信息提示，检查系统参数是否有问题
	红色闪烁	可恢复的轻微故障，根据示教器的提示信息进行处理
	红色长亮	出现不可恢复的故障
	红/绿闪烁	自检中
NS	熄灭	无电源输入或未能完成 Dup_MAC_ID 的测试
	绿色长亮	正常
	绿色闪烁	模块上线了，但是未能建立与其他模块的连接
	红色闪烁	连接超时，请根据示教器的提示信息进行处理
	红色长亮	通信出错，可能原因是 Duplicate MAC_ID 或 Bus_off 出现问题

8.9　工业机器人故障代码的查阅技巧

　　工业机器人本身都有完善的监控与保护机制，当机器人自身模块发生故障时，就会输出对应的故障代码，方便设备管理人员对故障进行诊断与维修。我们就以 ABB 工业机器人为对象就故障代码的类型分类与编号规则进行学习。

1. ABB 工业机器人故障代码的类型（表8-2）

表8-2　故障代码类型

操作说明	图片说明
1. 单击示教器屏幕的状态栏查看机器人的事件日志 2. 红色的图标，出错类信息 系统出现了严重错误，操作已经停止。需要用户立即采取行动对问题进行处理 3. 蓝色的图标，提示类信息 将提示信息记录到事件日志中，但是并不要求用户进行任何特别操作	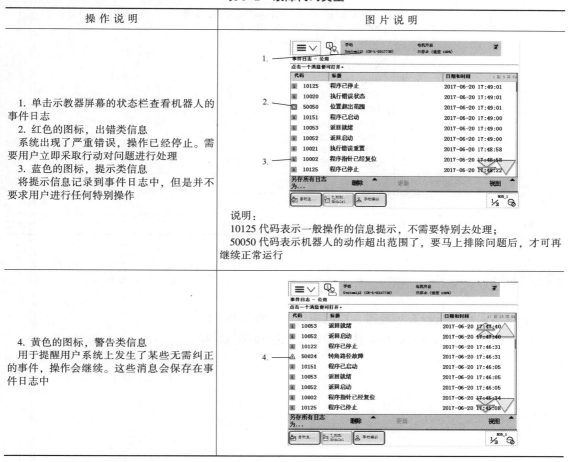 说明： 10125 代码表示一般操作的信息提示，不需要特别去处理； 50050 代码表示机器人的动作超出范围了，要马上排除问题后，才可再继续正常运行
4. 黄色的图标，警告类信息 用于提醒用户系统上发生了某些无需纠正的事件，操作会继续。这些消息会保存在事件日志中	

2. ABB 工业机器人故障代码的编号规则

根据不同信息的性质和重要程度，对 ABB 工业机器人的故障代码进行了划分，故障代码编号见表8-3。

表8-3　故障代码编号及描述

编号	信息类型	描述
1XXXX	操作	系统内部处理的流程信息
2XXXX	系统	与系统功能、系统状态相关的信息
3XXXX	硬件	与系统硬件、机器人本体以及控制器硬件有关的信息
4XXXX	RAPID 程序	与 RAPID 指令、数据等有关的信息
5XXXX	动作	与控制机器人的移动和定位有关的信息
7XXXX	I/O 通信	与输入和输出、数据总线等有关的信息
8XXXX	用户自定义	用户通过 RAPID 定义的提示信息
9XXXX	功能安全	与功能安全相关的信息

（续）

编号	信息类型	描　述
11XXXX	工艺	特定工艺应用信息，包括弧焊、点焊和涂胶等 0001-0199 过程自动化应用平台 0200-0399 离散造化应用平台 0400-0599 弧焊 0600-0699 点焊 0800-0899 涂胶 1000-1200 取放 1400-1499 生产管理 1550-1599SmartTac 1600-1699 生产监控 1700-1749 清枪 2500-2599 焊接数据管理
12XXXX	配置	与系统配置有关的信息
13XXXX	喷涂	与喷涂应用有关的信息
17XXXX	远程服务	远程服务相关的信息

实战训练

1. 对实训室的机器人示教器、控制柜进行日常点检。
2. 对实训室的机器人机械本体与控制柜电缆连接进行检查。

第9章 工业机器人本体日常维护

9.1 ABB 机器人 120 本体清洁维护

在机器人正常运行的情况下，功能性组件（包括润滑油）的性能会由于磨损、老化、腐蚀等因素而逐渐降低。针对那些可以预料到随着时间或使用会产生变化的零件进行调整与更换，就是"标准保养"。其目的就是保持机器人的性能一直处于最佳状态，防止小问题变成大故障，确保机器人连续运行，得到较佳的经济性与较长的使用寿命。所以正确的保养是延长机器人使用寿命、保证设备连续运行的重要环节。

1. ABB 机器人 120 本体清洁维护

图 片 说 明	操 作 步 骤
	1. 准备清洁工具：防静电手套、毛刷、清洁刷、湿抹布、干抹布、酒精、清洁液、清水
	2. 清洁前期准备与注意事项： （1）首先对机器人数据进行备份； （2）断开机器人电源，以防清洁过程中漏电； （3）检查机器人固定装置； （4）切勿在机械手臂上加装重物； （5）勿将液体溶液直接洒入各个线缆接口； （6）抹布的湿度应适中； （7）切勿使用具有强腐蚀的清洁液； （8）断电时间不宜过长； （9）静电保护

（续）

图 片 说 明	操 作 步 骤
	3. 先把机器人姿态调整到适当位置并备份机器人系统资料，然后断开一切电源，最后取下6轴上的夹具与工件
	4. 用毛刷（可加少许清洁液）将细微部位与6轴除尘、清理
	5. 将毛巾沾湿到合适湿度，擦拭1~5轴
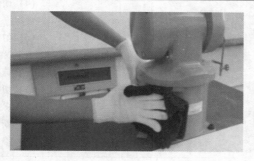	6. 将毛巾进行清理，继续擦拭机器人基座，完成清洁，检查是否清洁干净

2. 机器人各轴功能状态检查

图 片 说 明	操 作 步 骤
	1. 操作前注意事项： （1）在电源断开状态下进行本体松动检查； （2）检查时一定要戴防静电手套； （3）不能擦损与碰撞机器人本体，力度应适中； （4）开机运动状态下应仔细观察机器人是否运行流畅以及是否有杂音； （5）每一轴都应该运动到各自接近的极限位置； （6）在操作机器人时应时刻注意机器人的运动范围
	2. 检查工具：手套、安全帽
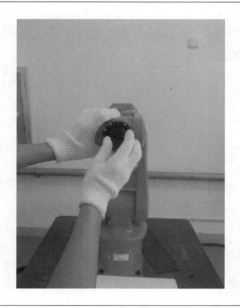	3. 在电源断开状态下进行5、6轴松动检查

（续）

图 片 说 明	操 作 步 骤
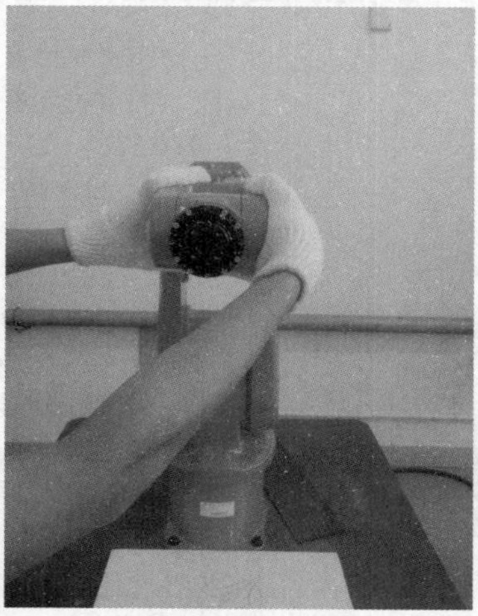	4. 在电源断开状态下进行 4 轴松动检查
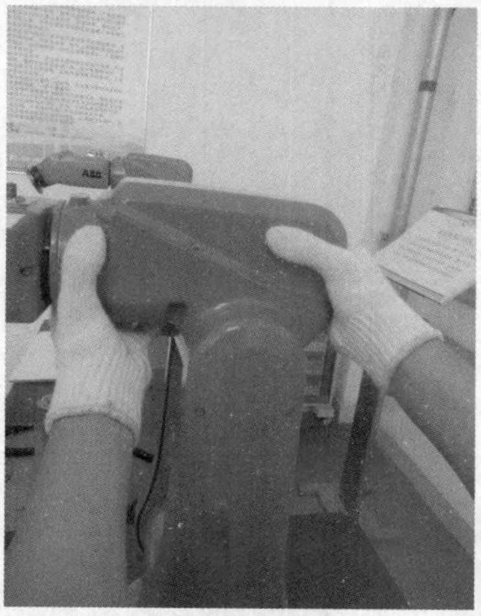	5. 在电源断开状态下进行 3 轴松动检查
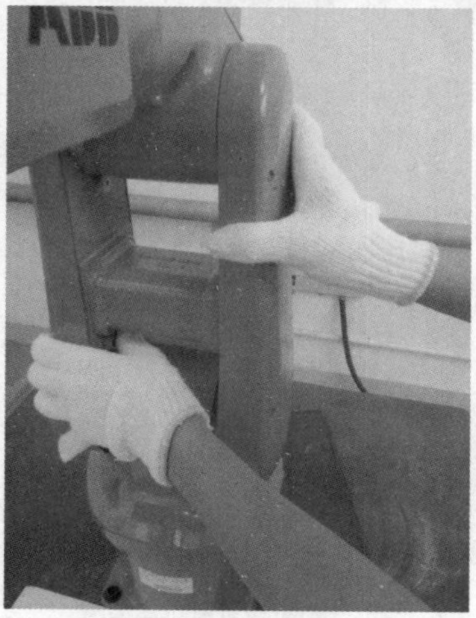	6. 在电源断开状态下进行 2 轴松动检查

（续）

图 片 说 明	操 作 步 骤
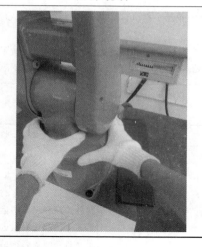	7. 在电源断开状态下进行 1 轴松动检查

3. 定期点检机器人电缆

图　示	操作步骤及说明
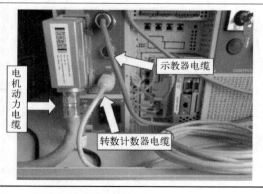	机器人布线包含机器人与控制器机柜之间的线缆，主要是电动机动力电缆、转数计数器电缆、示教器电缆和用户电缆（选配），通常采用目视检查。操作方法如下： 　1. 在进入机器人工作区域之前，关闭连接到机器人的所有供给：1）机器人的电源；2）机器人的液压油供应系统；3）机器人的压缩空气供应系统。 　2. 目视检查：机器人与控制器机柜之间的控制电缆，查找是否有磨损、切割或挤压损坏。 　3. 如果检测到磨损或损坏，则更换电缆

4. 定期点检机器人机械限位

图　示	操作步骤及说明
3轴机械限位 2轴机械限位 1轴机械限位	在 1 轴的运动极限位置有机械限位，2~3 轴的运动极限位置也有机械限位，用于限制轴运动范围满足应用中的需要。为了安全的原因，我们要定期点检所有的机械限位是否完好，功能是否正常。如左图所示

（续）

使用以下操作步骤检查1轴、2轴和3轴上的机械限位。

1. 在进入机器人工作区域之前，关闭连接到机器人的所有供给：1）机器人的电源；2）机器人的液压油供应系统；3）机器人的压缩空气供应系统。

2. 检查机械限位。机械限位出现以下情况时，请马上进行更换：1）弯曲变形；2）松动；3）损坏。

注意：与机械限位的碰撞会导致齿轮箱的预期使用寿命缩短，在示教与调试工业机器人的时候要特别小心

5. 定期点检塑料盖

图　　示	操作步骤及说明
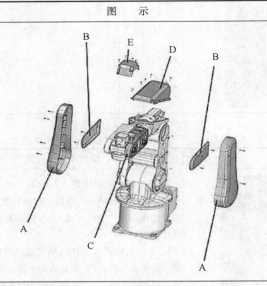	IRB120 机器人本体使用了塑料盖，主要是基于轻量化的考虑。为了保持完整的外观和可靠的运行，需要定期对机器人本体的塑料盖进行维护。如左图所示，各塑料盖名称见下表

位置	名　　称
A	下臂盖（2个）
B	腕侧盖（2个）
C	上臂盖
D	4 轴保护盖
E	6 轴保护盖

操作流程：

1. 在开始操作前，请关闭机器人的所有电力、液压和气压供给！

2. 检查塑料盖是否存在：1）裂纹；2）其他类型的损坏。

3. 如果检测到裂纹或损坏，则更换塑料盖

6. 定期点检信息标签、安全标志与操作提示

图　　示	操作步骤及说明
	危险： 　警告，如果不依照说明操作，就会发生事故，并导致严重或致命的人员伤害和/或严重的产品损坏。该标志适用于以下险情：触碰高压电气装置、爆炸或火灾、有毒气体、压轧、撞击和从高处跌落等
	警告： 　警告，如果不依照说明操作，可能会发生事故，造成严重的伤害（可能致命）和/或重大的产品损坏。该标志适用于以下险情：触碰高压电气单元、爆炸、火灾、吸入有毒气体、挤压、撞击、高空坠落等

（续）

图　示	操作步骤及说明
	电击： 针对可能会导致严重的人身伤害或死亡的电气危险的警告
	小心： 　警告，如果不依照说明操作，可能会发生造成伤害和/或产品损坏的事故。该标志适用于以下险情：灼伤、眼部伤害、皮肤伤害、听力损伤、挤压或滑倒、跌倒、撞击、高空坠落等。此外，它还适用于某些涉及功能要求的警告消息，即在装配和移动设备过程中出现有可能损坏产品或引起产品故障的情况时，就会采用这一标志
	静电放电（ESD）： 　针对可能会导致严重产品损坏的电气危险的警告。在看到此标志时，在作业前要进行释放人体静电的操作，最好能带上防静电手套并可靠接地后才开始相关的操作
	注意： 描述重要的事实和条件，请一定要重视相关的说明
	禁止： 此标志要与其他标志组合使用才会代表具体的意思
	请参阅用户文档： 请阅读用户文档，了解详细信息
	请参阅产品手册： 在拆卸之前，请参阅产品手册
	不得拆卸： 标有此标志提示的机器人部件，绝对不能拆卸，否则会导致对人身的严重伤害

图　示	操作步骤及说明
	**旋转更大：** 　　此轴的旋转范围（工作区域）大于标准范围。一般用于大型机器人（比如 IRB6700）的 1 轴旋转范围的扩大
	**制动闸释放：** 　　按此按钮将会释放机器人对应轴电动机的制动闸。这意味着机器人可能会掉落。特别是在释放 2 轴、3 轴和 5 轴时要注意机器人对应轴因为地球引力的作用而向下失控的运动
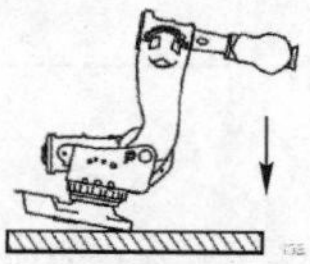  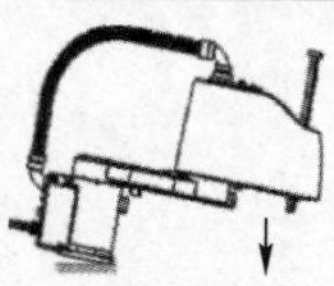	**倾翻风险：** 　　如果机器人底座固定用的螺栓没有在地面做牢靠的固定或松动，那就可能造成机器人的翻倒。所以要将机器人固定好并定期检查螺栓的松紧
	**小心被挤压：** 　　此标志处有人身被挤压伤害的风险，请格外小心
	**高温：** 　　此标志处由于长期的高负荷运行，部件表面的高温存在可能导致灼伤的风险
 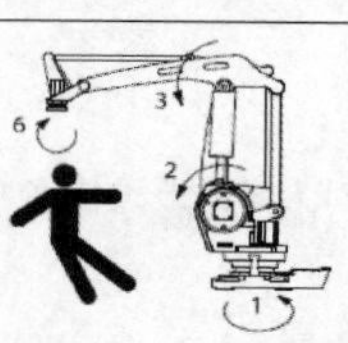	**注意！机器人移动：** 　　机器人可能会意外移动

（续）

图　　示	操作步骤及说明
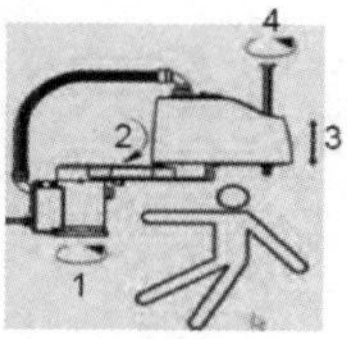	注意！机器人移动： 机器人可能会意外移动
	储能部件： 警告此部件蕴含储能不得拆卸。一般会与不得拆卸标志一起使用
	不得踩踏： 警告如果踩踏此标志处的部件，会造成机器人部件的损坏
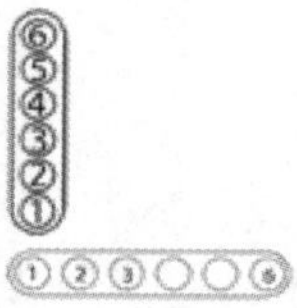	制动闸释放按钮： 单击对应编号的按钮，对应的电动机制动闸会打开
	吊环螺栓： 一个紧固件，其主要作用是起吊机器人
	加注润滑油： 如果不允许使用润滑油，则可与禁止标签一起使用
	机械限位： 起到定位作用或限位作用
	无机械限位： 表示没有机械限位

（续）

图　　示	操作步骤及说明
	压力： 警告此部件承受了压力。通常另外印有文字，标明压力大小
	使用手柄关闭： 使用控制柜上的电源开关
	机器人序列号标志
	写明该款机器人的额定数值
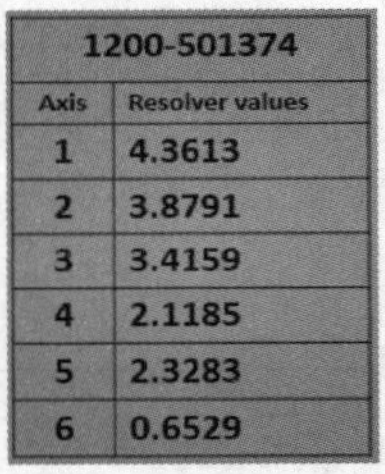	标明该款机器人每个轴的转速计数器更新的偏移数据
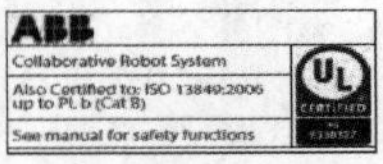	UL标签： 产品认证安全标志
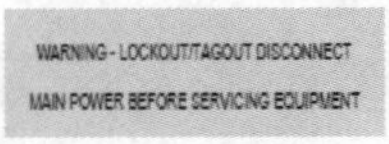	警告标签： 在维修控制柜前将电源断开
	说明标签： ——制动闸释放 ——机器人可能发生移动 ——制动闸释放按钮

（续）

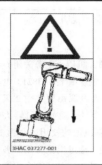 3HAC 037277-001	警告标签： 拧松螺栓有倾翻风险

操作流程：

1. 在进入机器人工作区域之前，关闭连接到机器人的所有供给：1）机器人的电源；2）机器人的液压油供应系统；3）机器人的压缩空气供应系统

2. 检查位于图示位置的各种标签

3. 更换所有丢失或受损的标签

7. 定期点检同步带

图 示	操作步骤及说明
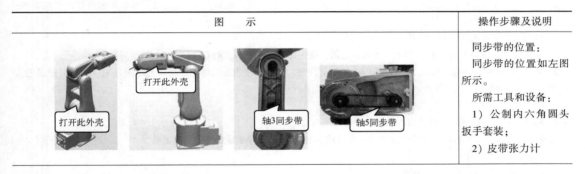	同步带的位置： 同步带的位置如左图所示。 所需工具和设备： 1）公制内六角圆头扳手套装； 2）皮带张力计

检查同步带：使用以下操作步骤检查同步带。

操作步骤如下：

1. 在进入机器人工作区域之前，关闭连接到机器人的所有供给：1）机器人的电源；2）机器人的液压油供应系统；3）机器人的压缩空气供应系统。

2. 卸除盖子即可看到每条同步带。

3. 检查同步带是否损坏或磨损。

4. 检查同步皮带轮是否损坏。

5. 如果检查到任何损坏或磨损，则必须更换该部件！

6. 使用张力计对皮带的张力进行检查。

7. 检查每条皮带的张力。

3 轴：新皮带 $F = 18 \sim 19.7 \, N$

　　　旧皮带 $F = 12.5 \sim 14.3 \, N$

5 轴：新皮带 $F = 7.6 \sim 8.4 \, N$

　　　旧皮带 $F = 5.3 \sim 6.1 \, N$

8. 如果皮带张力不正确，请进行调整

8. 更换电池组

图 示	操作步骤及说明
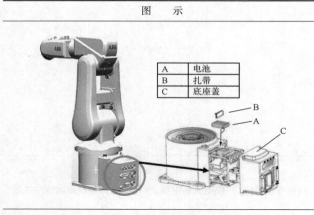 **A** 电池 **B** 扎带 **C** 底座盖	当电池的剩余后备电量（机器人电源关闭）不足2个月时，将显示电池低电量警告（38213 电池电量低）。通常，如果机器人电源每周关闭 2 天，则新电池的使用寿命为 36 个月，而如果机器人电源每天关闭 16 个小时，则新电池的使用寿命为 18 个月。对于较长的生产中断，通过电池关闭服务例行程序可延长使用寿命（大约提高使用寿命 3 倍）。 　电池组的位置：电池组的位置如左图所示

所需工具和设备：1）公制内六角圆头扳手；2）刀具。

必需的耗材：塑料扎带。

一、卸下电池组

使用以下操作步骤卸下电池组：

1. 将机器人各个轴调至其机械原点位置，目的是有助于后续的转数计数器更新操作。

2. 在进入机器人工作区域之前，关闭连接到机器人的所有供给：1）机器人的电源；2）机器人的液压油供应系统；3）机器人的压缩空气供应系统。

3. 确保电源、液压和压缩空气都已经全部关闭。

4. 静电放电，该装置易受 ESD 影响。在操作之前，请先阅读随机资料中的安全信息及操作说明。

5. 对于 Clean Room 版机器人：在拆卸机器人的零部件时，请务必使用刀具切割漆层以免漆层开裂，并打磨漆层毛边以获得光滑表面！

6. 卸下底座盖子。

7. 割断固定电池的线缆扎带并拔下电池电线后取出电池。

注意：电池包含保护电路。请只使用规定的备件或 ABB 认可的同等质量的备件进行更换。

二、重新安装电池组

使用以下操作步骤安装新的电池组：

1. 静电放电，该装置易受 ESD 影响。在操作之前，请先阅读随机资料中的安全信息及操作说明。

2. 对于 Clean Room 版机器人：清洁已打开的接缝。

3. 安装电池并用线缆捆扎带固定。

注意：电池包含保护电路。请只使用规定的备件或 ABB 认可的同等质量的备件进行更换。

4. 插好电池连接插头。

5. 将底座盖子重新安装好。

6. 对于 Clean Room 版机器人：密封和对盖子与本体的接缝处进行涂漆处理。

注意：完成所有维修工作后，用蘸有酒精的无绒布擦掉机器人上的颗粒物。

9. IRB120 工业机器人机械原点位置及转数计数器更新

　　ABB 机器人 IRB120 的 6 个关节轴都有一个机械原点的位置，即各轴的零点位置。当系统中设定的原点数据丢失后，我们就需要进行转数计数器更新找回原点。操作步骤如下：

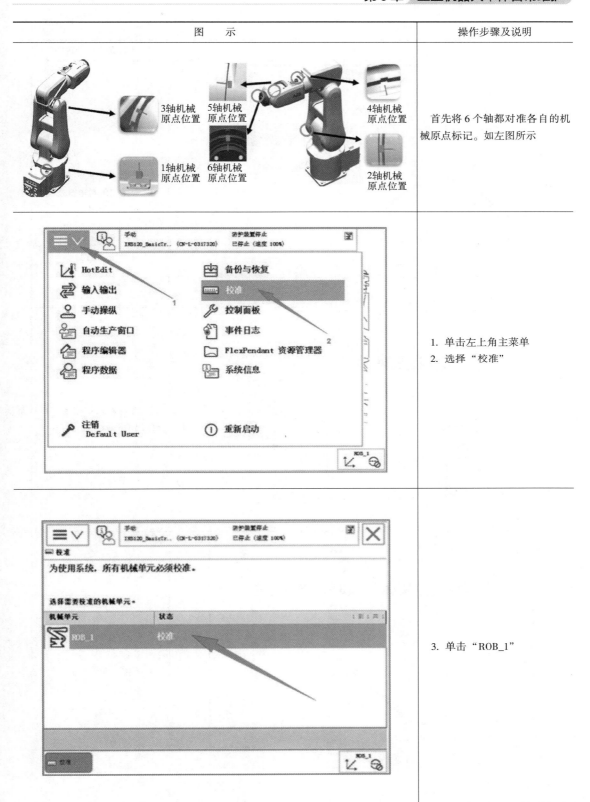

191

（续）

图　　示	操作步骤及说明
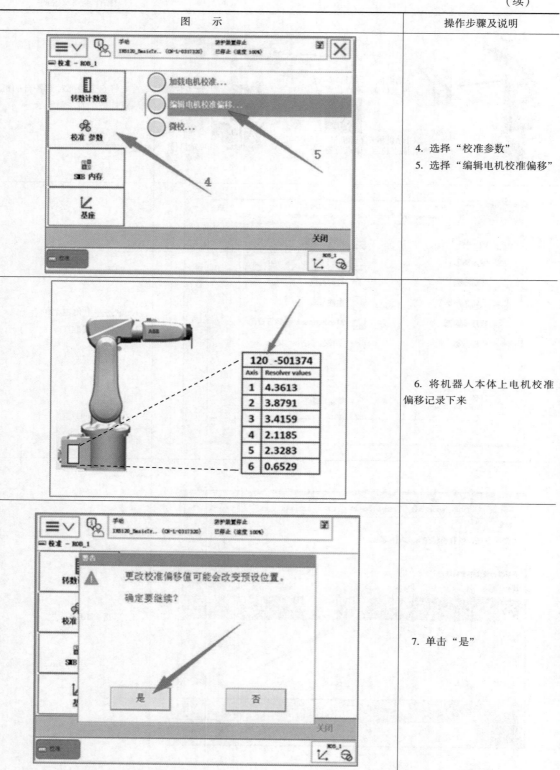	4. 选择"校准参数" 5. 选择"编辑电机校准偏移" 6. 将机器人本体上电机校准偏移记录下来 7. 单击"是"

（续）

图　示	操作步骤及说明
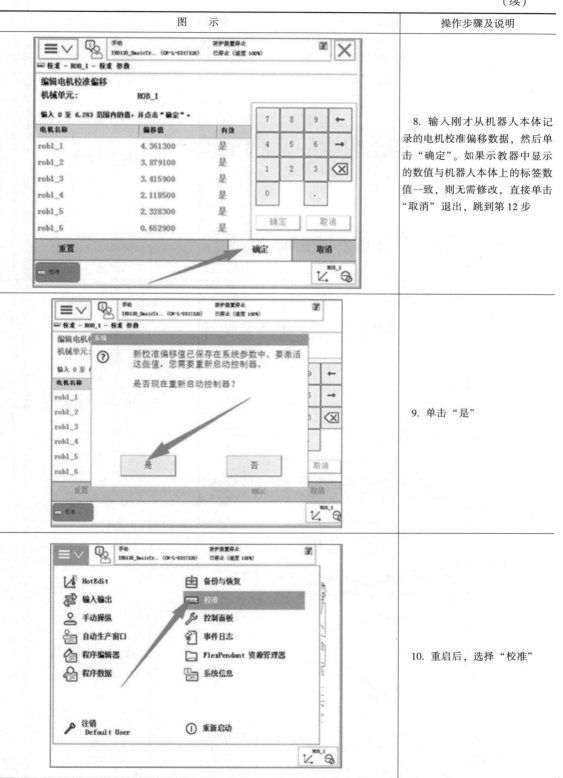	8. 输入刚才从机器人本体记录的电机校准偏移数据，然后单击"确定"。如果示教器中显示的数值与机器人本体上的标签数值一致，则无需修改，直接单击"取消"退出，跳到第12步
	9. 单击"是"
	10. 重启后，选择"校准"

（续）

图　　示	操作步骤及说明
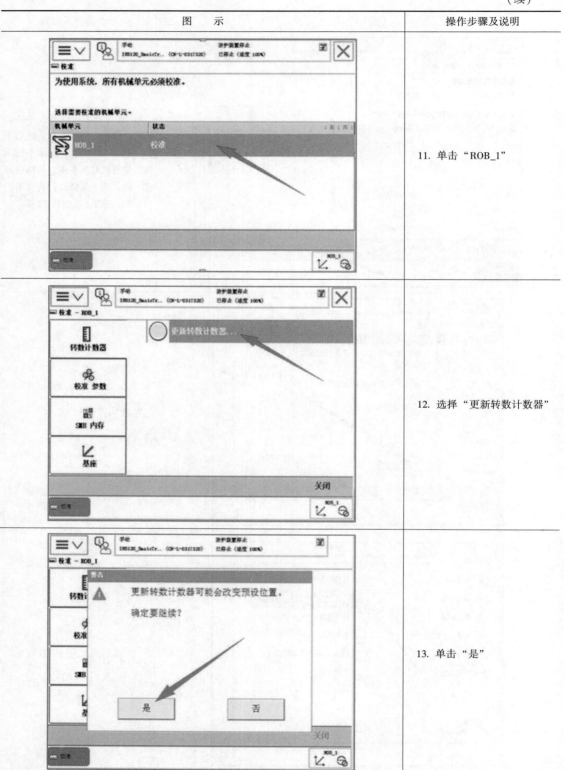	11. 单击"ROB_1" 12. 选择"更新转数计数器" 13. 单击"是"

（续）

图　　示	操作步骤及说明
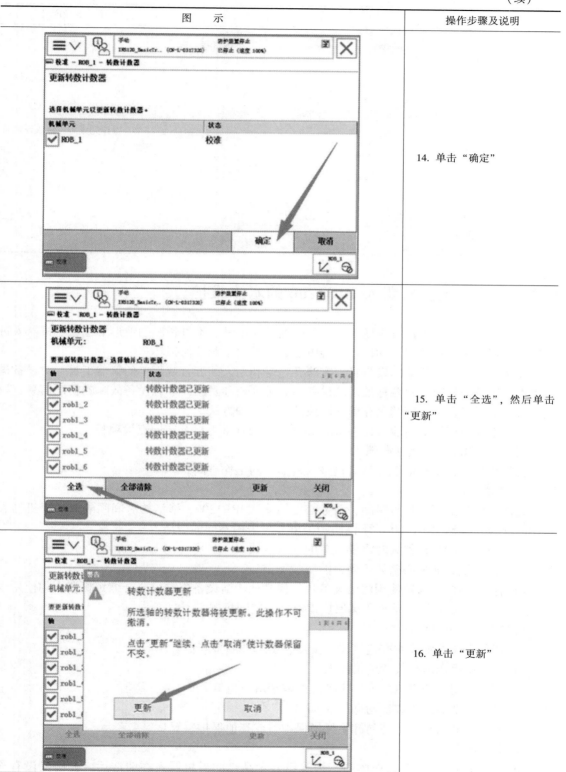	14. 单击"确定"
	15. 单击"全选"，然后单击"更新"
	16. 单击"更新"

（续）

图　示	操作步骤及说明
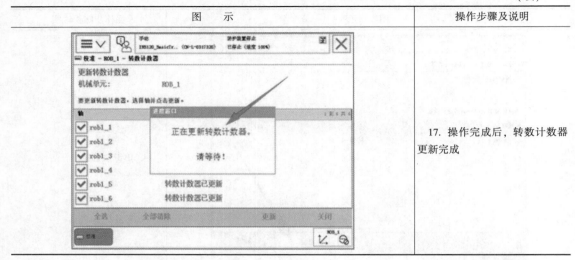	17. 操作完成后，转数计数器更新完成

9.2　关节型工业机器人 IRB1200 的本体维护

我们必须对机器人进行定期维护以确保其功能正常。不可预测的情形下也会对机器人进行检查。在日常工业机器人的运行过程中也必须及时注意任何损坏！

设备点检是一种科学的设备管理方法，它是利用人的五官或简单的仪器工具，对设备进行定点、定期的检查，对照标准发现设备的异常现象和隐患，掌握设备故障的初期信息，以便及时采取对策，将故障消灭在萌芽阶段的一种管理方法。

接下来是我们针对工业机器人 IRB1200 制定的日常点检及定期点检项目。

定期点检项目 1：清洁机器人

关闭机器人的所有电源，然后再进入机器人的工作空间。

1. 概述

为保证较长的正常运行时间，请务必定期清洁 IRB1200，清洁的时间间隔取决于机器人工作的环境。根据 IRB1200 的不同防护类型，可采用不同的清洁方法。

以下说明了清洁机器人时需要注意的一些事项。

注意：清洁之前务必确认机器人的防护类型。

切记：务必按照规定使用清洁设备！任何其他清洁设备都有可能会缩短机器人的使用寿命。清洁前，务必先检查是否所有保护盖都已安装到机器人上！

切勿进行以下操作：

1）切勿将清洗水柱对准连接器、接点、密封件或垫圈！

2）切勿使用压缩空气清洁机器人！

3）切勿使用未获得机器人厂家批准的溶剂清洁机器人！

4）喷射清洗液的距离切勿低于 0.4 m！

5）清洁机器人之前，切勿卸下任何保护盖或其他保护装置！

2. 清洁方法

（1）用布擦拭：食品行业中高清洁等级的食品级润滑机器人在清洁后，要确保没有液体流入机器人或滞留在缝隙里或表面上。

（2）用水和蒸汽清洁：防护类型 IP67（选件）的 IRB1200 可以用水冲洗（水清洗器）的方法进行清洁，但是需满足以下操作前提：

1）喷嘴处的最大水压，不超过 $700\,kN/m^2$（$7\,bar$，标准的水龙头水压和水流）。

2）应使用扇形喷嘴，最小散布角度 $45°$。

3）从喷嘴到封装的最小距离：$0.4\,m$。

4）最大流量：$20\,L/min$（升/分钟）。

定期点检项目 2：检查机器人电缆

图　　示	操作步骤及说明
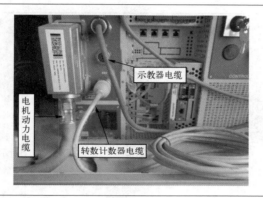	机器人布线包含机器人与控制器机柜之间的线缆，主要是电机动力电缆、转数计数器电缆、示教器电缆和用户电缆。如左图所示

使用以下操作程序检查机器人电缆。

1. 在进入机器人工作区域之前，关闭连接到机器人的所有供给：1）机器人的电源；2）机器人的液压油供应系统；3）机器人的压缩空气供应系统

2. 目视检查：机器人与控制器机柜之间的控制线缆，查找是否有磨损、切割或挤压损坏

3. 如果检测到磨损或损坏，则更换电缆

定期点检项目 3~5：检查机械限位

在 1 轴的运动极限位置有机械限位，2~3 轴的运动极限位置也有机械限位，用于限制轴运动范围满足应用中的需要。为了安全的原因，我们要定期点检所有的机械限位是否完好、功能是否正常。

图　　示	操作步骤及说明
1轴机械限位　2轴机械限位　3轴机械限位	左图所示为 1 轴、2 轴和 3 轴上的机械限位位置

（续）

图　　示	操作步骤及说明

使用以下操作步骤检查1轴、2轴和3轴上的机械限位。

1. 在进入机器人工作区域之前，关闭连接到机器人的所有供给：1）机器人的电源；2）机器人的液压油供应系统；3）机器人的压缩空气供应系统。

2. 检查机械限位。在机械限位出现以下情况时，请马上进行更换：1）弯曲变形；2）松动；3）损坏。

注意：与机械限位的碰撞会导致齿轮箱的预期使用寿命缩短，在示教与调试工业机器人的时候要特别小心

定期点检项目6：检查同步带

图　　示	操作步骤及说明
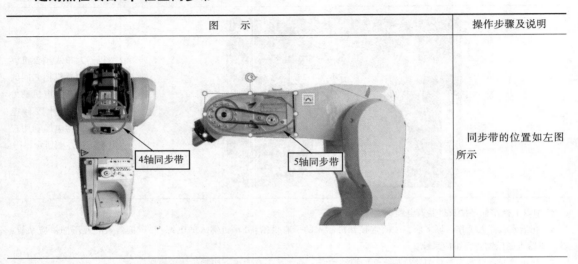 4轴同步带　　5轴同步带	同步带的位置如左图所示

所需工具和设备：2.5mm内六角圆头扳手，长110mm

使用以下操作步骤检查同步带。

1. 在进入机器人工作区域之前，关闭连接到机器人的所有供给：1）机器人的电源；2）机器人的液压油供应系统；3）机器人的压缩空气供应系统。

2. 卸除盖子即可看到每条同步带。

3. 检查同步带是否损坏或磨损。

4. 检查同步带轮是否损坏。

5. 如果检查到任何损坏或磨损，则必须更换该部件！

6. 检查每条皮带的张力。如果皮带张力不正确，请进行调整（4轴：$F=30\,N$；5轴：$F=26\,N$）

定期点检项目7：更换电池组

电池的剩余后备电量（机器人电源关闭）不足2个月时，将显示电池低电量警告（38213电池电量低）。通常，如果机器人电源每周关闭2天，则新电池的使用寿命为36个月，而如果机器人电源每天关闭16个小时，则新电池的使用寿命为18个月。对于较长的生产中断，通过电池关闭服务例行程序可延长使用寿命（大约提高使用寿命3倍）。

1. 卸下电池组操作步骤

图 示	操作步骤及说明
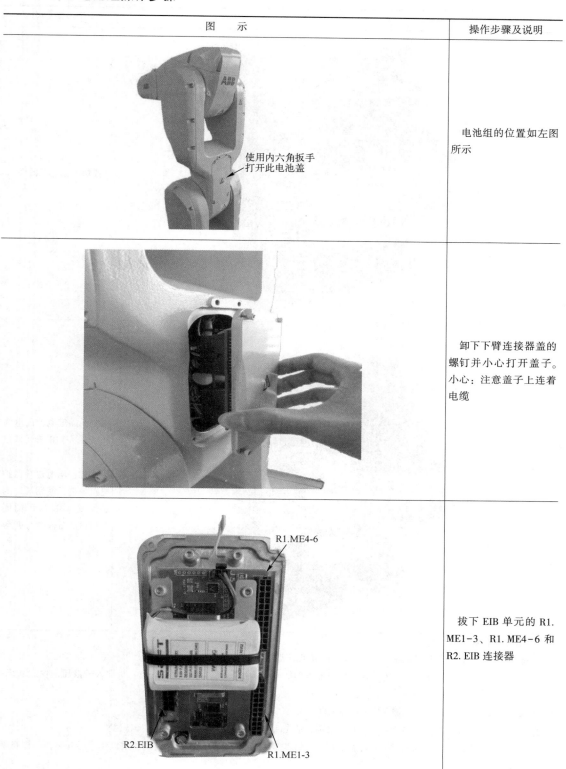 使用内六角扳手打开此电池盖	电池组的位置如左图所示
	卸下下臂连接器盖的螺钉并小心打开盖子。小心:注意盖子上连着电缆
R1.ME4-6 R2.EIB R1.ME1-3	拔下 EIB 单元的 R1.ME1-3、R1.ME4-6 和 R2.EIB 连接器

（续）

图　　示	操作步骤及说明
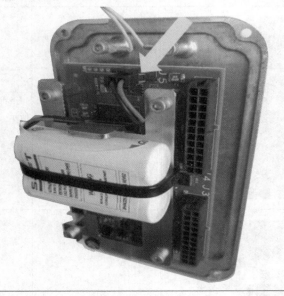	拔掉电池电缆插头
	割断固定电池的电缆扎带并从 EIB 单元取出电池。 注意：电池包含保护电路。请只使用规定的备件或 ABB 认可的同等质量的备件进行更换

使用以下操作卸下电池组。

1. 将机器人各个轴调至其机械原点位置（目的是有助于后续的转数计数器更新操作）。

2. 在进入机器人工作区域之前，关闭连接到机器人的所有供给：1）机器人的电源；2）机器人的液压油供应系统；3）机器人的压缩空气供应系统。

⚠危险：确保电源、液压和压缩空气都已经全部关闭。

⚠静电放电：该装置易受 ESD 影响。在操作之前，请先阅读随机资料中的安全信息及操作说明。

⚠小心：对于 Clean Room 版机器人：在拆卸机器人的零部件时，请务必使用刀具切割漆层以免漆层开裂，并打磨漆层毛边以获得光滑表面

2. 安装电池组操作步骤

图　　示	操作步骤及说明
	安装电池并用电缆捆扎带固定。 注意：1）电池包含保护电路。请只使用规定的备件或 ABB 认可的同等质量的备件进行更换。 2）静电放电：该装置易受 ESD 影响。在操作之前，请先阅读随机资料中的安全信息及操作说明
	连接电池电缆插头
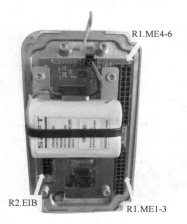R1.ME4-6 R2.EIB　　　R1.ME1-3	将 R1. ME1－3、R1. ME4－6 和 R2. EIB 连接器连接到 EIB 单元。 小心：确保不要搞混 R2. EIB 和 R2. ME2，否则 2 轴可能会严重受损。请查看连接器标签了解正确的连接信息

（续）

图　　示	操作步骤及说明
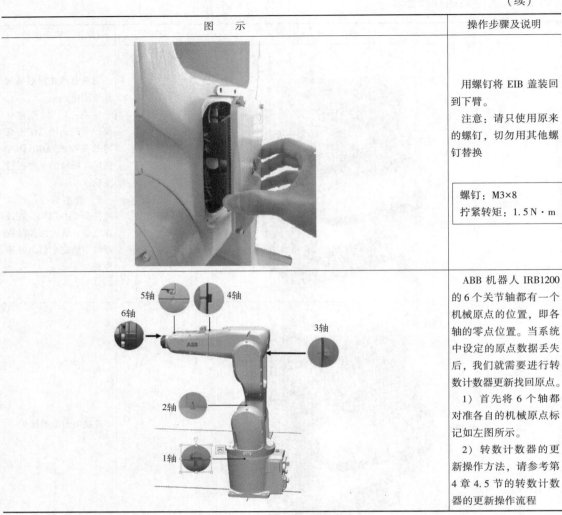	用螺钉将 EIB 盖装回到下臂。 注意：请只使用原来的螺钉，切勿用其他螺钉替换 螺钉：M3×8 拧紧转矩：1.5 N·m
	ABB 机器人 IRB1200 的 6 个关节轴都有一个机械原点的位置，即各轴的零点位置。当系统中设定的原点数据丢失后，我们就需要进行转数计数器更新找回原点。 1）首先将 6 个轴都对准各自的机械原点标记如左图所示。 2）转数计数器的更新操作方法，请参考第4章4.5节的转数计数器的更新操作流程

9.3　关节型工业机器人 IRB6700 的本体维护

定期点检项目1：平衡装置上的检查要点

图　　示	操作步骤及说明
	A：活塞杆（在平衡设备内） B：连接件 C：位于平衡设备后部的轴承

（续）

图　示	操作步骤及说明

检查是否不协调，检查是否有损坏，例如刮伤、粗糙表面或不正确的位置。
在下表中展示了需要检查的关键点

序号	检　查　点	操　作
1	检查连接件处的轴承及位于后部的轴承是否动作顺畅	如果检查到不协调，请联系 ABB 专业技术人员
2	检查平衡设备是否有不正常的噪音（气缸内有弹簧引起的撞击声）	如果检查到问题，请联系 ABB 专业技术人员
3	检查活塞杆是否有不正常的声音（尖锐的声音表明轴承受损或内部有污染物或润滑不充分）	如果检查到问题，请联系 ABB 专业技术人员

定期点检项目 2：检查是否有润滑油泄漏

平衡设备的前端轴承使用了润滑油进行润滑。密封件的损坏，将会造成润滑油泄漏及灰尘和杂物的侵入，从而造成设备的损坏，必须立刻进行处理，避免损坏轴承。

图示	操作步骤及说明
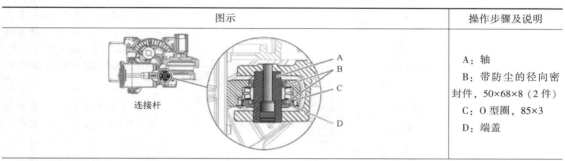 连接杆	A：轴 B：带防尘的径向密封件，50×68×8（2 件） C：O 型圈，85×3 D：端盖

操作步骤如下：

1. 在进入机器人工作区域之前，关闭连接到机器人的所有供给：1）机器人的电源；2）机器人的液压油供应系统；3）机器人的压缩空气供应系统。

2. 目视检查所有塑料件与衬垫，查看是否有损坏。如有盖板损坏或因其他原因不能发挥保护作用，则必须更换。

3. 确保所有的塑料件与衬垫、盖板完全固定。手动检查这些部分是否松动。如有必要，将其上紧。
拧紧转矩：除 6 轴的盖板及带衬垫的法兰需要 0.2 N·m，其余的盖板拧紧转矩为 0.14 N·m。

4. 检查机器人底座上是否有障碍物会妨碍平衡设备的自由运动。保持平衡设备周边的清洁且没有物体妨碍。特别要注意维修后不要遗留任何检修工具。如下图所示

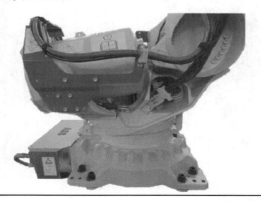

定期点检项目3：检查机器人电缆

图　　示	操作步骤及说明
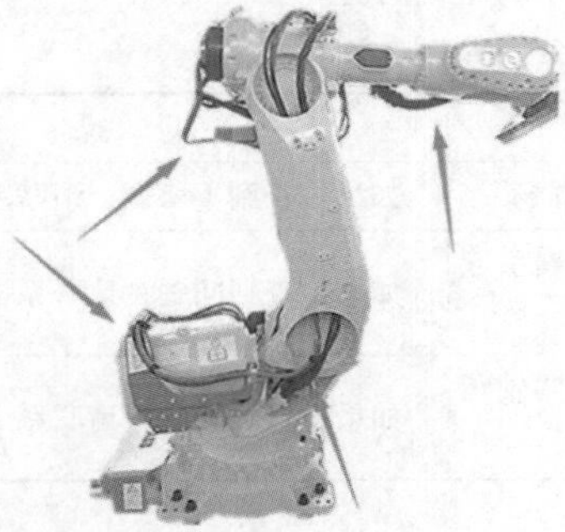	电缆位置： 机器人电缆位置如左图中箭头所示
	1. 危险：在进入机器人工作区域之前，关闭连接到机器人的所有供给：1）机器人的电源；2）机器人的液压油供应系统；3）机器人的压缩空气供应系统 2. 检查整个机器人电缆是否有磨损或损坏。特别是检查左图中标记的2轴位置和3轴位置，确保这两个区域的电缆没有损坏
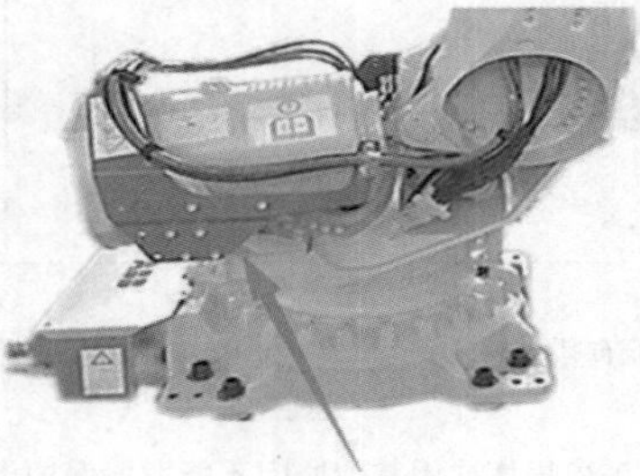	3. 从底座到腕关节，检查所有可见的电缆支架是否安装稳固 4. 检查所有可见的电动机电缆是否有磨损或损坏 5. 检查底座所有可见的接头是否损坏
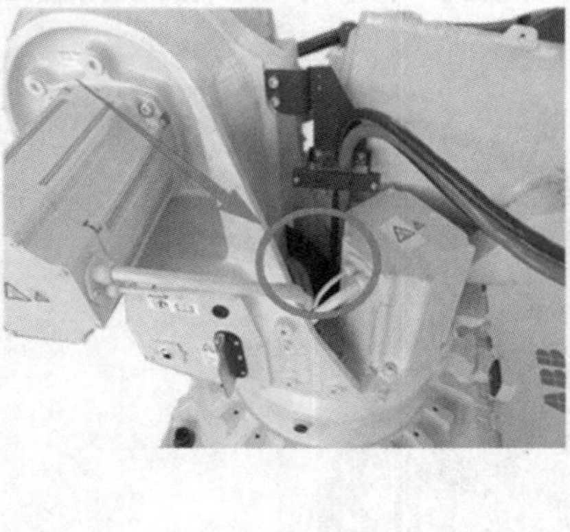	6. 检查有线管保护的电缆，用手伸入管道，看电缆是否会有磨损的可能性，保证电缆不会有损坏的可能。移除任何会磨损电缆的物体，更换有损坏的电缆 7. 更换有磨损、裂缝或者损坏的电缆

定期点检项目4：检查机器人机械限位的位置

图 示	操作步骤及说明
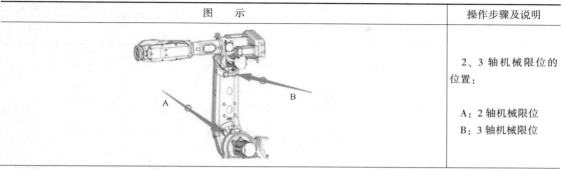	2、3轴机械限位的位置： A：2轴机械限位 B：3轴机械限位

检查机械限位：参考以下步骤对机械限位进行检查

序号	操 作	注 释
1	危险： 在进入机器人工作区域之前，关闭连接到机器人的所有供给：1）机器人的电源；2）机器人的液压油供应系统；3）机器人的压缩空气供应系统	
2	检查所有的机械限位是否有损坏，是否有大于1mm的裂缝	
3	检查机械限位上的螺钉是否变形	A：2轴的机械限位 B：3轴的机械限位
4	如果检测到损坏，机械限位必须换新！ 螺钉：M6×60 固定胶水：乐泰243	

1轴机械限位的位置

（续）

图　　示	操作步骤及说明
检查机械限位：参考以下步骤检查 1 轴的机械限位	

序号	操　　作	注　　释
1	危险： 在对机器人进行检查之前，关闭连接到机器人的所有供给：1) 机器人的电源；2) 机器人的液压油供应系统；3) 机器人的压缩空气供应系统	
2	检查 1 轴的机械限位：如果机械限位弯曲或者损坏，必须更换。 注意： 机器人与机械限位的碰撞会缩短齿轮箱的寿命	

定期点检项目 5：电池组更换

当电池的剩余后备电量（机器人电源关闭）不足 2 个月时，将显示电池低电量警告（38213 电池电量低）。通常，如果机器人电源每周关闭 2 天，则新电池的使用寿命为 36 个月，而如果机器人电源每天关闭 16 小时，则新电池的使用寿命为 18 个月。对于较长的生产中断，通过电池关闭服务例行程序可延长使用寿命（大约提高使用寿命 3 倍）。

图　　示	操作步骤及说明
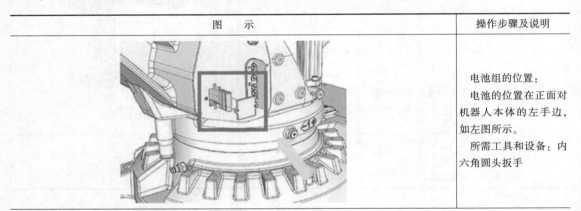	电池组的位置： 电池的位置在正面对机器人本体的左手边，如左图所示。 所需工具和设备：内六角圆头扳手

卸下电池组：使用以下操作卸下电池组

序号	操　　作	注　　释
1	将机器人各个轴调至其机械原点位置	目的是有助于后续的转数计数器更新操作
2	危险： 在进入机器人工作区域之前，关闭连接到机器人的所有供给：1) 机器人的电源；2) 机器人的液压油供应系统；3) 机器人的压缩空气供应系统	
3	静电放电： 该装置易受 ESD 影响。在操作之前，请先阅读随机资料中的安全信息及操作说明	

（续）

图　　示	操作步骤及说明
4 卸下端盖的螺丝，并取下端盖	
5 拉出电池组，并断开电池线缆的连接	
6 取出电池组。 电池包含保护电路，请只使用规定的备件或 ABB 认可的同等质量的备件进行更换	

重新安装电池组：使用以下操作安装新的电池组。

序号	操　　作	注　　释
1	危险： 在进入机器人工作区域之前，关闭连接到机器人的所有供给：1）机器人的电源；2）机器人的液压油供给系统；3）机器人的压缩空气供应系统	
2	静电放电： 该装置易受 ESD 影响。在操作之前，请先阅读随机资料中的安全信息及操作说明	
3	连接好电池组线缆并将其安装到原位置	
4	用螺钉固定好电池组盖板	
5	更新转数计数器	转数计数器的更新操作方法，请参考第 4 章 4.5 节的转数计数器的更新操作流程
6	危险： 请确保在执行首次试运行时，满足所有安全要求。这些内容在随机资料中有详细的说明	

定期点检项目6：检查各轴齿轮箱及润滑位置

图　示	操作步骤及说明
	各轴的齿轮箱位置： A：1轴齿轮箱 B：2轴齿轮箱 C：3轴齿轮箱 D：4轴齿轮箱 E：5轴齿轮箱 F：6轴齿轮箱

所需工具和设备见下表

设　备	注　释
润滑油抽油器	应使用防爆的气动抽油器，用在注油前时应将抽油器清洗干净
带O型密封圈的快接头	
废油收集箱	推荐容量：4000 ml

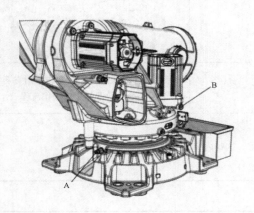

A. 润滑油注入口（抽油器通过该口抽出旧油或注入新油）

B. 油位检查孔塞（机器人型号：
IRB6700-300/2.70
IRB6700-245/3.00）

（续）

图　示	操作步骤及说明
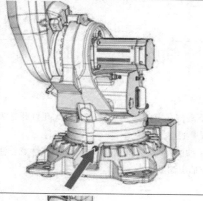油基	使用该孔作为排气及油位检查的机器人型号有： 　IRB6700−150/3.20， 　IRB6700−155/2.8， 　IRB6700−175/3.0， 　IRB6700−200/2.6， 　IRB6700−205/2.8， 　IRB6700−235/2.65。 使用该孔仅作为排气的机器人型号有： 　IRB6700−300/2.70， 　IRB6700−245/3.00。 所需工具和设备：润滑油收集容器，抽油器，标准工具 拧紧扭矩：24 N·m

定期点检项目7：更换1轴齿轮箱润滑油

图　示	操作步骤及说明

抽出润滑油的操作步骤如下：

1. 在进入机器人工作区域之前，关闭连接到机器人的所有的电源、液压油供应系统及压缩空气供应系统。
2. 在换油前，让机器人运行一下，以加热润滑油，方便流动。在作业期间，时刻穿戴好保护装备，如护目镜、手套等。
3. 小心齿轮箱中可能会有一定的压力，会引发危险。因此打开油塞的时候一定要小心，让压力缓慢泄出

图　示	操作步骤及说明
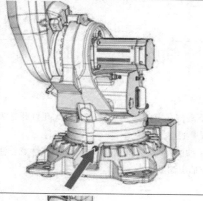	4. 打开润滑油注入口的保护盖，并将抽油器连上
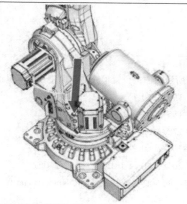	5. 取下通气孔上的油塞 　警告：如果当抽油器工作时，通气孔不打开，可能会损坏内部的零件

（续）

图　　示	操作步骤及说明

6. 使用抽油器将油抽出。

注意：抽完后，齿轮箱中可能会有少量润滑油残留，所以抽油的时间可以长一些。

7. 警告：使用过的润滑油是有危害的材料，必须以安全的方式处理好。

8. 移除抽油器，重新盖好注入口的保护盖。

9. 重新盖好通气孔上的油塞（拧紧扭矩：24 N·m）

向 1 轴齿轮箱注入润滑油的操作步骤如下：

1. 在进入机器人工作区域之前，关闭连接到机器人的所有的电源、液压油供应系统及压缩空气供应系统。

2. 在换油前，让机器人运行一下，以加热润滑油，方便流动。在作业期间，时刻穿戴好保护装备，如护目镜、手套等

图　　示	操作步骤及说明
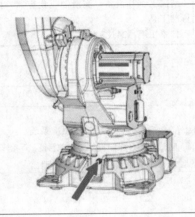	3. 打开润滑油注入口的保护盖，并将抽油器连上
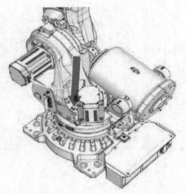	4. 取下通气孔上的油塞（注意：通气孔打开是为了释放注油过程中的空气） 5. 使用抽油器向齿轮箱内注入润滑油（注意：注入油量依据之前抽出油量）
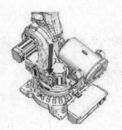 	6. 检查油位 根据如图所示的油塞位置检查油位适用于以下机型： IRB6700-150/3.20， IRB6700-155/2.85， IRB6700-175/3.05， IRB6700-200/2.60， IRB6700-205/2.80 及 IRB6700-235/2.65。 要求油位：低于油塞密封圈表面 58 mm±5 mm 位置处，如图所示

（续）

图　示	操作步骤及说明
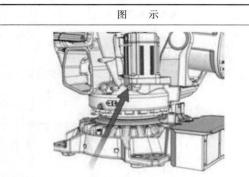	根据如图所示的油塞位置检查油位，适用于以下机型：IRB6700-300/2.70，IRB6700-245/3.00。 要求油位：低于油塞孔 0~10 mm

7. 移除抽油器，重新盖好注入口的保护盖。

8. 警告：重新盖好通气孔上的油塞（拧紧扭矩：24 N·m）

9. 注意：涉及油的维护保养工作，做完后一定要记得清理机器人上残留的油渍，以免机器人本体的颜色受到污染。

10. 在确认所有作业完成，并检查没问题后，再进行试运行

定期点检项目 8：更换 2 轴齿轮箱润滑油

图　示	操作步骤及说明
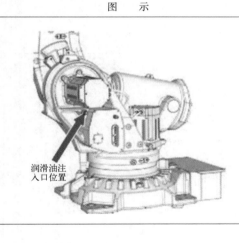	润滑油注入口位置（抽油器通过该口进行抽油和注油）
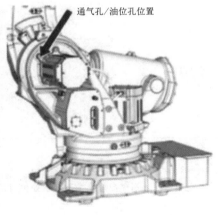	更换润滑油所需材料：润滑油，润滑油的标号请参考机器人本体上注油孔的标签说明 所需工具和设备：润滑油收集容器，抽油器，标准工具

（续）

图　示	操作步骤及说明

抽出润滑油的操作步骤如下：

1. 在进入机器人工作区域之前，关闭连接到机器人的所有的电源、液压油供应系统及压缩空气供应系统

2. 在换油前，让机器人运行一下，以加热润滑油，方便流动。在作业期间，时刻穿戴好保护装备，如护目镜、手套等

3. 齿轮箱中可能会有一定的压力，会引发危险。因此打开油塞的时候一定要小心，让压力缓慢泄出

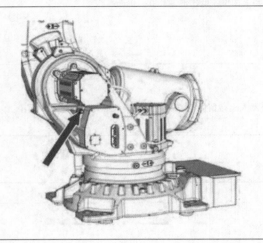	4. 打开润滑油注入口的保护盖，并将抽油器连上
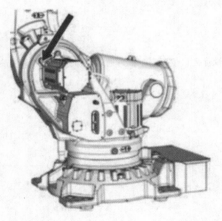	5. 取下通气孔上的油塞 警告： 　如果当抽油器工作时，通气孔不打开，可能会损坏内部的零件

6. 使用抽油器将油抽出。

注意：抽完后，齿轮箱中可能会有少量润滑油残留，所以抽油的时间可以长一些。

7. 警告：使用过的润滑油是有危害的材料，必须以安全的方式处理好。

8. 移除抽油器，重新盖好注入口的保护盖。

9. 重新盖好油位孔塞（拧紧扭矩：24 N·m）

向 2 轴齿轮箱注入润滑油的操作步骤如下：

1. 在进入机器人工作区域之前，关闭连接到机器人的所有的电源、液压油供应系统及压缩空气供应系统。

2. 在换油前，让机器人运行一下，以加热润滑油，方便流动。在作业期间，时刻穿戴好保护装备，如护目镜、手套等

（续）

图　示	操作步骤及说明
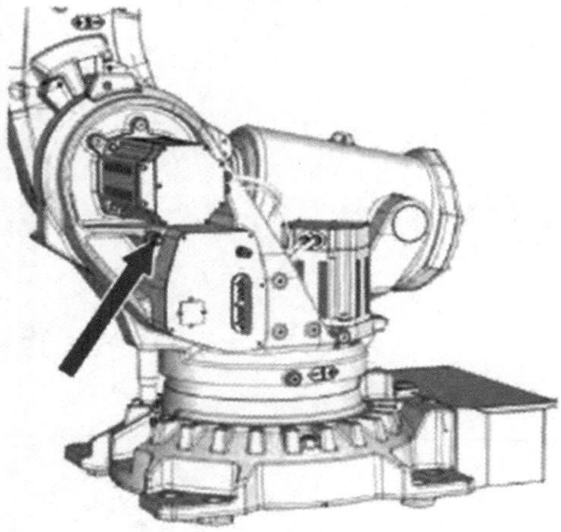	3. 打开润滑油注入口的保护盖，并将抽油器连上
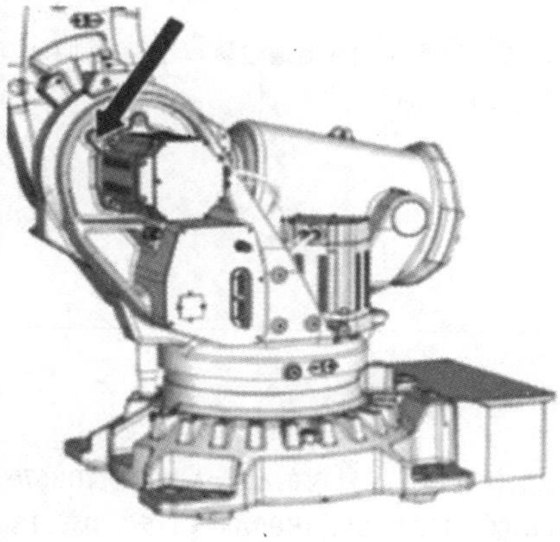	4. 取下通气孔上的油塞。（注意：通气孔打开是为了释放注油过程中的空气） 5. 使用抽油器向齿轮箱内注入润滑油（注意：注入油量依据之前抽出油量）
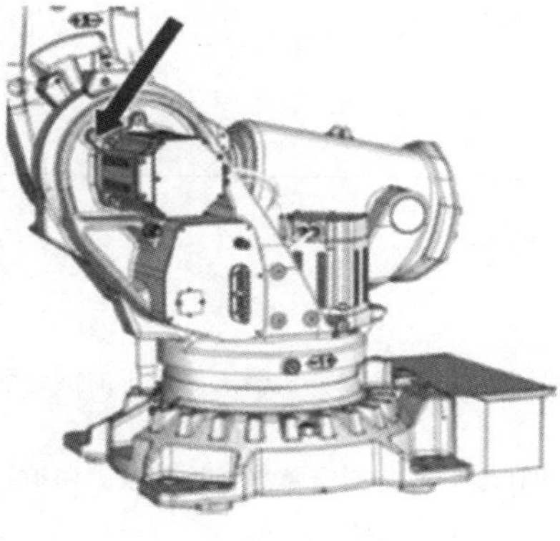	6. 检查油位（要求油位：低于油塞孔 5~15 mm）

7. 移除抽油器，重新盖好注入口的保护盖。

8. 重新盖好油位孔塞。（拧紧扭矩：24 N·m）

9. 注意：涉及油的维护保养工作，做完后一定要记得清理机器人上残留的油渍，以免机器人本体的颜色受到污染

定期点检项目 9：更换 3 轴齿轮箱润滑油

图　示	操作步骤及说明
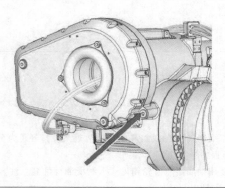	3 轴齿轮箱油塞的位置
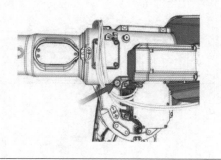	润滑油注入口位置（抽油器通过该口进行抽油和注油） 拧紧扭矩：24 N·m
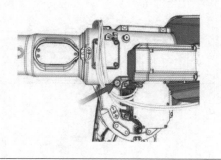	通气孔/油位孔位置（针对的机器人型号：IRB6700-150/3.20，IRB6700-155/2.85，IRB6700-175/3.05，IRB6700-200/2.60，IRB6700-205/2.80，IRB6700-235/2.65） 拧紧扭矩：24 N·m

　　所需材料：润滑油，润滑油的标号请参考机器人本体上注油孔的标签说明。

　　所需工具和设备：润滑油收集容器，抽油器，标准工具。

　　抽出 3 轴齿轮箱润滑油的操作步骤如下：

　　1. 进入机器人工作区域之前，关闭连接到机器人的所有供给：1）机器人的电源；2）机器人的液压油供应系统；3）机器人的压缩空气供应系统。

　　2. 在换油前，让机器人运行一下，以加热润滑油，方便流动。在作业期间，时刻穿戴好保护装备，如护目镜、手套等。

　　3. 将机器人各个轴运行到机械原点位置。

　　4. 齿轮箱中可能会有一定的压力，会引发危险。因此打开油塞的时候一定要小心，让压力缓慢泄出

（续）

图　示	操作步骤及说明
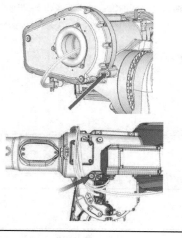	5. 打开润滑油注入口的保护盖，并将抽油器连上
	6. 取下通气孔上的油塞 警告：如果当抽油器工作时，通气孔不打开，可能会损坏内部的零件

7. 使用抽油器将油抽出。

注意：抽完后，齿轮箱中可能会有少量润滑油残留，所以抽油的时间可以长一些。

8. 警告：使用过的润滑油是有危害的材料，必须以安全的方式处理好。

9. 移除抽油器，重新盖好注入口的保护盖。

10. 重新盖好通气孔上的油塞（拧紧扭矩：24 N·m）

向 3 轴齿轮箱注入润滑油的操作步骤如下：

1. 在进入机器人工作区域之前，关闭连接到机器人的所有供给：（1）机器人的电源；（2）机器人的液压油供应系统；（3）机器人的压缩空气供应系统

2. 将机器人各个轴运行到机械原点位置

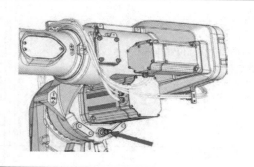	3. 打开润滑油注入口的保护盖，并将抽油器连上

（续）

图　　示	操作步骤及说明
4. 取下通气孔上的油塞。（注意：通气孔打开是为了释放注油过程中的空气） 5. 使用抽油器向齿轮箱注入润滑油（注意：注入油量依据之前抽出油量）	
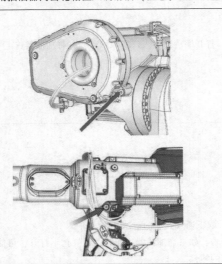	6. 检查油位（要求油位：低于油塞孔 5～20 mm）
7. 移除抽油器，重新盖好注入口的保护盖。 8. 重新装好油位孔塞。（拧紧扭矩：24 N·m） 9. 在确认所有作业完成，并检查没问题后，再进行试运行	

定期点检项目 10：更换 4 轴齿轮箱润滑油

图　　示	操作步骤及说明
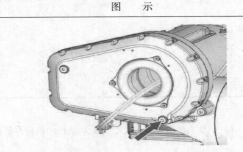	泄油孔油塞的位置：齿轮箱油塞的位置如左图所示 拧紧扭矩：24 N·m
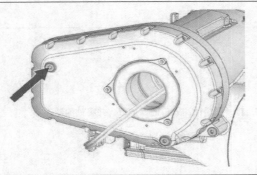	注油孔/油位孔位置如左图所示 拧紧扭矩：24 N·m
抽出 4 轴齿轮箱润滑油的操作步骤如下：	

（续）

图　　示	操作步骤及说明
	1. 在进入机器人工作区域之前，关闭连接到机器人的所有供给：1）机器人的电源；2）机器人的液压油供应系统；3）机器人的压缩空气供应系统。 2. 在换油前，让机器人运行一下，以加热润滑油，方便流动。在作业期间，时刻穿戴好保护装备，如护目镜、手套等 3. 将机器人各个轴运行到机械原点位置 4. 齿轮箱中可能会有一定的压力，会引发危险。因此打开油塞的时候一定要小心，让压力缓慢泄出 5. 将润滑油收集容器放在泄油孔下
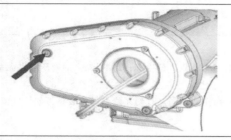	6. 取下注油孔上的油塞（注意：打开注油孔可以加快泄油速度）
	7. 警告：使用过的润滑油是有害的材料，必须以安全的方式处理好。 8. 重新盖好注油孔塞及泄油孔塞（拧紧扭矩：24 N·m）

向 4 轴齿轮箱注入润滑油的操作步骤如下：

1. 在进入机器人工作区域之前，关闭连接到机器人的所有供给：（1）机器人的电源；（2）机器人的液压油供应系统；（3）机器人的压缩空气供应系统
2. 将机器人各个轴运行到机械原点位置

图　　示	操作步骤及说明
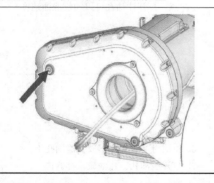	3. 打开注油孔。 4. 向齿轮箱中注入润滑油。（注意：注入油量依据之前抽出油量） 5. 检查油位。（油位通过注油孔进行检查。要求油位：低于油塞孔 5~10 mm） 6. 在确认所有作业完成，并检查没问题后，再进行试运行

定期点检项目 11：更换 5 轴齿轮箱润滑油

图　　示	操作步骤及说明
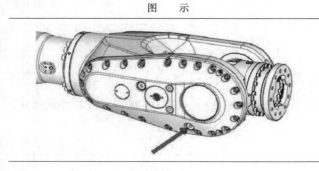	泄油孔油塞的位置：齿轮箱油塞的位置如左图所示 拧紧扭矩：24 N·m

（续）

图　示	操作步骤及说明
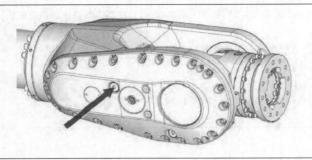	注油孔/油位孔 拧紧扭矩：24 N·m 　所需材料：润滑油，润滑油的标号请参考机器人本体上注油孔的标签说明 　所需工具和设备：润滑油收集容器，抽油器，标准工具

抽出 5 轴齿轮箱润滑油的操作步骤如下：

1. 在进入机器人工作区域之前，关闭连接到机器人的所有供给：1）机器人的电源；2）机器人的液压油供应系统；3）机器人的压缩空气供应系统。

2. 在换油前，让机器人运行一下，以加热润滑油，方便流动。在作业期间，时刻穿戴好保护装备，如护目镜、手套等。

3. 将机器人各个轴运行到机械原点位置。

4. 齿轮箱中可能会有一定的压力，会引发危险。因此打开油塞的时候一定要小心，让压力缓慢泄出

| 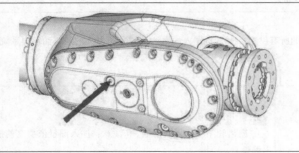 | 5. 取下注油孔上的油塞
（注意：打开注油孔可以加快泄油速度） |
| 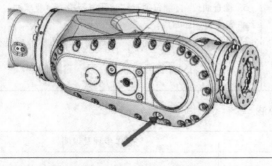 | 6. 将润滑油收集容器放在泄油孔下。
7. 打开泄油孔，让油流入容器内 |

8. 警告：使用过的润滑油是有危害的材料，必须以安全的方式处理好。

9. 重新盖好注油孔油塞及泄油孔油塞（拧紧扭矩：24 N·m）

向 5 轴齿轮箱注入润滑油的操作步骤如下：

1. 在进入机器人工作区域之前，关闭连接到机器人的所有供给：1）机器人的电源；2）机器人的液压油供应系统；3）机器人的压缩空气供应系统。

2. 将机器人各个轴运行到机械原点位置

（续）

图　　示	操作步骤及说明
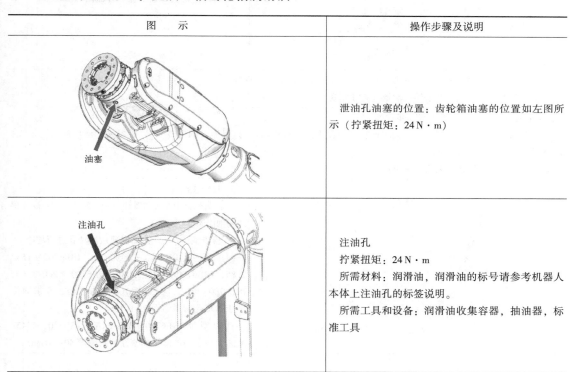	3. 打开注油孔。 4. 向齿轮箱中注入润滑油。 （注意：注入油量依据之前抽出油量） 5. 检查油位（油位通过注油孔进行检查。要求油位：低于油塞孔 5～10 mm）

6. 重新盖好注油孔油塞及泄油孔油塞。（拧紧扭矩：24 N·m）
7. 在确认所有作业完成，并检查没问题后，再进行试运行

定期点检项目 12：更换 6 轴齿轮箱润滑油

图　　示	操作步骤及说明
油塞	泄油孔油塞的位置：齿轮箱油塞的位置如左图所示（拧紧扭矩：24 N·m）
注油孔	注油孔 拧紧扭矩：24 N·m 所需材料：润滑油，润滑油的标号请参考机器人本体上注油孔的标签说明。 所需工具和设备：润滑油收集容器，抽油器，标准工具

抽出 6 轴齿轮箱润滑油的操作步骤如下：

1. 在进入机器人工作区域之前，关闭连接到机器人的所有供给：1）机器人的电源；2）机器人的液压油供应系统；3）机器人的压缩空气供应系统。

2. 在换油前，让机器人运行一下，以加热润滑油，方便流动。在作业期间，时刻穿戴好保护装备，如护目镜、手套等。

3. 将机器人各个轴运行到机械原点位置。

4. 齿轮箱中可能会有一定的压力，会引发危险。因此打开油塞的时候一定要小心，让压力缓慢泄出

（续）

图　示	操作步骤及说明
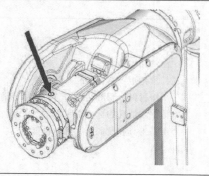	5. 将润滑油收集容器放在泄油孔下。 6. 取下注油孔上的油塞（注意：打开注油孔可以加快泄油速度）
	7. 打开泄油孔，让油流入容器内

8. 警告：使用过的润滑油是有危害的材料，必须以安全的方式处理好。

9. 重新盖好注油孔油塞及泄油孔油塞（拧紧扭矩：24N·m）

向6轴齿轮箱注入润滑油的操作步骤如下：

1. 在进入机器人工作区域之前，关闭连接到机器人的所有供给：1）机器人的电源；2）机器人的液压油供应系统；3）机器人的压缩空气供应系统。

2. 将机器人各个轴运行到机械原点位置

	3. 打开注油孔。 4. 向齿轮箱中注入润滑油。（注意：注入油量依据之前抽出油量） 5. 检查油位（注意：油位通过注油孔进行检查） 针对型号 IRB6700-150/3.20，IRB6700-155/2.85，IRB6700-175/3.05，IRB6700-200/2.60，IRB6700-205/2.80，IRB6700-235/2.65，要求油位低于油塞孔密封圈面 5~10 mm 针对型号 IRB6700-300/2.70，IRB6700-245/3.00，要求油位低于油塞孔密封圈面 40~50 mm
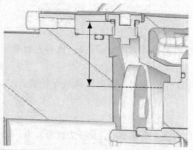	6. 重新盖好注油孔油塞。（拧紧扭矩：24N·m） 7. 在确认所有作业完成，并检查没问题后，再进行试运行

ABB 机器人 IRB6700 的 6 个关节轴更换润滑油后，都有相应的机械原点位置。当系统中设定的原点数据丢失后，我们就需要进行转数计数器更新找回原点。首先将 6 个轴都对准各自的机械原点标记，如下图所示。

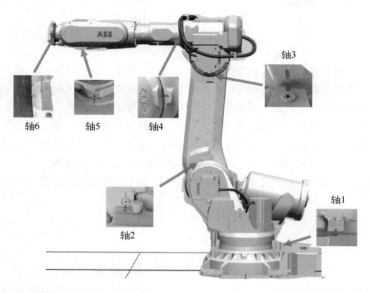

转数计数器的更新操作方法，请参考第 4 章 4.5 节的转数计数器的更新操作流程。

实战训练

1. 对实训室的机器人机械本体进行日常点检。
2. 对实训室的机器人计数器电池进行更换。

参 考 文 献

[1] 叶晖，管小清．工业机器人实操与应用技巧［M］．北京：机械工业出版社，2010．

[2] 叶晖，何智勇．工业机器人工程应用虚拟仿真教程［M］．北京：机械工业出版社，2014．

[3] 胡伟，等．工业机器人行业应用实训教程［M］．北京：机械工业出版社，2015．

[4] 蒋庆斌，陈小艳．工业机器人现场编程［M］．北京：机械工业出版社，2014．

[5] 张宪民，杨丽新，黄沿江．工业机器人应用基础［M］．北京：机械工业出版社，2015．

[6] 张超，张继媛．工业机器人现场编程［M］．北京：机械工业出版社，2016．

[7] 叶晖．工业机器人故障诊断与预防维护实战教程［M］．北京：机械工业出版社，2018．